液压与气动技术项目化教程

主　编　杨　眉　侯玉叶
副主编　聂娅青　单金凤　刘　学　陈志刚
主　审　冯建雨

北京理工大学出版社
BEIJING INSTITUTE OF TECHNOLOGY PRESS

内 容 简 介

本书与山东栋梁科技设备有限公司合作开发，以知识应用为主线，以能力培养为核心，对课程进行优化和整合，采用项目化教学法，将内容分为 7 个项目，分别是液压泵站的调试与维护、液压执行元件的选用与维护、液压控制元件与控制回路设计和装调、典型液压系统的安装调试与故障排除、气动平口钳的设计和装调、气动门户开闭装置的设计、电液气控制系统的安装与调试，每个项目均包括项目描述、项目目标、项目分析、项目实施、项目评价、拓展知识、项目小结等，引导学生在"教"中"学"，在"学"中"做"，激发学生的学习能动性，培养学习能力。

本书适用于高职机电一体化、数控技术、机械制造与自动化等专业的学生学习使用。

图书在版编目（CIP）数据

液压与气动技术项目化教程/杨眉，侯玉叶主编
. -- 北京：北京理工大学出版社，2023.7
ISBN 978－7－5763－2551－5

Ⅰ.①液… Ⅱ.①杨… ②侯… Ⅲ.①液压传动－高等学校－教材②气压传动－高等学校－教材 Ⅳ.
①TH137②TH138

中国国家版本馆 CIP 数据核字（2023）第 120706 号

出版发行 / 北京理工大学出版社有限责任公司

社　　址 / 北京市海淀区中关村南大街 5 号

邮　　编 / 100081

电　　话 / (010) 68914775（总编室）
　　　　　 (010) 82562903（教材售后服务热线）
　　　　　 (010) 68944723（其他图书服务热线）

网　　址 / http://www.bitpress.com.cn

经　　销 / 全国各地新华书店

印　　刷 / 河北鑫彩博图印刷有限公司

开　　本 / 787 毫米×1092 毫米　1/16

印　　张 / 13.5

字　　数 / 350 千字

版　　次 / 2023 年 7 月第 1 版　2023 年 7 月第 1 次印刷

定　　价 / 72.00 元

责任编辑 / 高雪梅

文案编辑 / 高雪梅

责任校对 / 周瑞红

责任印制 / 李志强

前　言

"液压与气动技术"作为机电一体化专业、机械制造与自动化专业、数控技术等专业的核心课程，对于专业人才培养具有非常重要的作用。为了更好地服务于人才培养目标，使学生能够适应工作岗位需求，须学校与企业合作，共同开发教材，加速教材与行业、职业标准和岗位规范等之间的融合，开发对接产业发展的专业教材，以现代信息技术为依托，满足多种教学模式改革下的教学需要。

本书与山东栋梁科技设备有限公司合作开发，共分 7 个项目，每个项目包含若干个任务，本书引导学生在"教"中"学"，在"学"中"做"，激发学生的学习能动性，培养学习能力。本书在编写过程中融入企业案例，展现行业新业态、新水平、新技术，培养学生综合职业素养。"数字资源"与教材有机融合，配套教材开发微课视频、动画等数字资源，根据配套实训设备、企业设备等开发相对应的虚拟仿真软件，帮助学生理解教材中的重点及难点。本书贯彻落实党的二十大精神，将工匠精神、劳动精神等思政内容融入相关的视频、案例教材，培养学生的职业素养，深刻理解工匠精神的精髓。本书以国家职业标准为依据，以综合职业能力培养为目标，以典型工作任务为载体，以学生为中心，以能力培养为本位，将理论学习与实践学习相结合，开发基于"1＋X"证书制度、职业资格标准的新形态教材。

本书的编写团队企业经验和教学经验丰富。教材主编杨眉老师从事液压教学 10 余年，教学经验丰富，编写了本书的项目 1 和项目 7。团队成员聂娅青老师在山推工程机械股份有限公司从事液压设计工作 9 年，获液压设计方面的专利 10 余项，编写了本书的项目 5。单金凤老师也在企业一线工作多年，一直从事气动回路编程、气动控制工作，编写了本书的项目 2 和项目 3，刘学老师编写了本书的项目 6，侯玉叶教授编写了项目 4，陈志刚老师参与了前期企业调研、相关资料的整理和收集，冯建雨教授对全书内容进行审核。

由于编者水平有限，书中难免存在不足和错误之处，敬请广大读者批评指正。

编　者

目　　录

项目1　液压泵站的调试与维护

项目描述

　　车间新来了一批液压泵站，需要协助工程师完成液压泵站的安装与调试，并记录调试过程中出现的问题。若出现问题，协助工程师解决。

项目目标

　　液压站又称为液压泵站，是独立的液压装置。它按驱动装置（主机）要求供油，并控制液流的方向、压力和流量，适用于主机与液压装置可分离的各种液压机械。

知识目标	能力目标	素质目标
1. 掌握液压系统的组成，液压系统和气动系统的优点与缺点。 2. 了解液压泵站的工作原理，熟知液压泵站典型元件的结构特点。 3. 掌握液压泵站的正常工作条件，以及各类液压泵结构和工作原理。 4. 掌握液压系统辅助元件的结构和工作原理	1. 能够叙述液压系统的工作原理和优点、缺点。 2. 能够根据系统工况选择合适的液压泵站各组成元件。 3. 能够规范拆装齿轮泵、叶片泵和柱塞泵等动力元件。 4. 能够进行液压泵站的安装调试与维护，并正确排除液压泵站的常见故障	1. 培养学生收集和分析资料的能力。 2. 培养学生的实践能力。 3. 培养学生严谨认真的学习态度和团结互助的团队精神

任务 1.1　　了解液压系统

任务描述

　　认识机器中的液压系统和气动系统，通过学习知道其组成和每部分作用，然后通过网络检索等方式查找液压、气动技术的发展及优点、缺点。

任务目标

　　1. 掌握液压系统的基本原理和组成。

　　2. 了解液压与气压传动的优点、缺点。

　　3. 能够在团队合作中完成资料的收集和分析。

一部完整的机器通常是由原动机、传动机构和工作机三部分组成的。原动机包括电动机、内燃机等，是机器的动力源。工作机即完成该机器工作任务的直接工作部分，如剪板机的剪刀，车床的刀架、车刀、卡盘等。由于原动机的功率和转速变化范围有限，为了适应工作机的负载和工作速度变化范围，以及其他操纵性能的要求，在原动机与工作机之间设置了传动机构，其作用就是传递能量和进行控制。传动机构多种多样，通常分为机械传动、电气传动和流体传动。流体传动是以流体为工作介质进行能量转换、传递和控制的一种传动方式，包括液压传动和气压传动。

1.1.1 液压系统的工作原理和组成

1. 液压系统的工作原理

液压传动的基本原理基于工程流体力学的帕斯卡原理，主要是以液体的压力能来传递能量。

液压千斤顶是液压传动技术的典型应用实例。图1-1所示是其工作原理示意，图中大、小活塞与缸体之间保持良好的配合关系并能实现可靠的密封。工作时关闭截止阀9，当提起杠杆1时，小活塞2向上移动，小油缸3下腔容积增大，油液压力（压强）降低而形成局部真空。此时，单向阀5关闭，油箱中的油液在大气压力作用下，推开单向阀4的钢球进入小油缸下腔。当杠杆提升到顶端时，小油缸下腔吸满油液，完成一次吸油。当压下杠杆时，在小活塞作用下使小油缸下腔油液压力升高。此时，单向阀4关闭，压力油推开单向阀5的钢球而进入大油缸6下腔，并推动大活塞7将重物8顶起。当杠杆压到下端时，小油缸下腔的油液被全部挤出，完成一

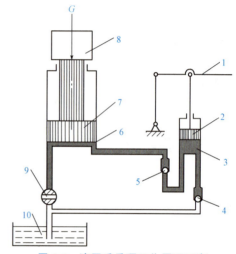

图1-1 液压千斤顶工作原理示意

1—杠杆；2—小活塞；3—小油缸；4、5—单向阀；
6—大油缸；7—大活塞；8—重物；9—截止阀；10—油箱

次压油。这样反复提起压杠杆使小油缸不断吸油和压油，就能连续地将压力油压入大油缸下腔，使大活塞持续上升而顶起重物。当重物升高到所需位置时，停止扳动杠杆，单向阀即自动关闭，大油缸中的油液被封死，重物便可保持在所需位置不动，而达到起重的目的。当需要将重物放下时，只要将截止阀9旋转90°，大油缸下腔的油液就通过截止阀流回油箱，重物即可回到起始位置。

由上述分析可以看出，液压千斤顶利用杠杆原理和帕斯卡原理，进行了力的两次放大，从而实现了用很小的力扳动杠杆即可顶起很大重物的起重目的。同时，还可以看出，液压千斤顶的输入能量是加在杠杆上的机械能，通过小活塞和缸体将其转换为液压能，又通过大活塞和缸体将液压能转换为机械能输出。因此，液压千斤顶的工作过程实际上就是一个能量的转换与传递过程。

2. 液压系统的组成

通过液压千斤顶的工作原理分析可以看出，任何一个完整的液压系统都由以下五部分组成：

（1）动力元件。动力元件即液压泵（如图1-1中的杠杆、小活塞、缸体、单向阀组成的手动液压泵）。它的作用是将原动机（通常为电动机或发动机）输入的机械能转换为液压能输送到系统，为系统提供压力油，它是系统的动力源。

（2）执行元件。执行元件即液压马达或液压缸（如图1-1中大活塞和缸体组成的液压缸）。它的作用是将液压能转换为机械能输出，以驱动工作部件进行工作。

（3）控制元件。控制元件即各种控制阀（如图 1-1 中的截止阀和单向阀）。它的作用是控制系统中油液的有关参数（如压力、流速和方向），以满足执行元件的工作要求。

（4）辅助元件。辅助元件即油箱等辅件（如图 1-1 中的油箱）。它们各自起相应的辅助作用，如储油、散热、输油等，以保证系统的正常工作。

（5）工作介质。工作介质即油液，包括液压油和液压液，通常指液压油。其主要作用是实现能量的传递。

1.1.2　液压系统和气动系统的特点

1.1.2.1　液压系统的优点、缺点

1. 主要优点

（1）可以很方便地实现无级调速（也可实现有级调速），调速范围大，且可在系统运行时调速。

（2）能输出大的推力或转矩，实现低速、大负荷运动。

（3）可使工作部件平稳换向，无冲击。由于反应速度快，可实现频繁换向。

（4）在相同功率条件下，体积小、质量轻、结构紧凑，由于各部分之间用管道连接，其布局安装具有很大的灵活性，可以构成用其他方法难以构成的复杂系统。

（5）操作简单、调整控制方便、易于实现自动化控制。特别是将其与机、电联合使用，能方便地实现复杂的自动工作循环。

（6）由于液压传动是封闭式的，多数情况下元件均可自行润滑，因此元件磨损很小，使用寿命长。

（7）便于实现过载保护，使用安全、可靠。

（8）液压元件易于实现系列化、标准化和通用化，便于设计、制造、维修和推广使用，造价较低。与其他系统相比，它是一种较为经济的选择。

2. 主要缺点

（1）介质泄漏会造成工作部件运动速度下降、运动不平稳、传动效率降低和环境污染。

（2）油液中存在的微小颗粒（杂质）会造成传动可靠性降低。

（3）油液的可压缩性和对温度变化的敏感性会影响工作的准确性，故不宜在很高或很低温度条件下工作。

（4）系统出现故障时，不易查找原因。

1.1.2.2　气压传动的优点、缺点

1. 主要优点

（1）以空气和惰性气体为工作介质，不仅来源方便，而且使用后可以直接排入大气而不污染环境。

（2）因为空气的黏度很小（约为油的 1/10 000），损失也很小，所以既节能又高效。

（3）动作迅速、反应快、维护方便、管路不易堵塞，且不存在质量变质需经常补充或更换等问题。

（4）工作环境适应性好，可以安全、可靠地应用于易爆场合，也可以用于远距离输送。

（5）成本低，过载时能自动保护。

2. 主要缺点

（1）由于空气的可压缩性大，所以工作速度稳定性较差。

（2）不易获得较大的推力和转矩，工作压力较低。

（3）有较大的排气噪声。

（4）因空气没有润滑性能，所以，需要在气路中设置润滑装置。

1.1.3　液压和气动技术的应用和发展

1. 液压技术的应用和发展

液压技术是在水力学、工程力学和机械制造技术等基础上发展起来的一门应用技术，在机械领域是一门新技术。如果从 17 世纪中叶帕斯卡提出静压传递原理（帕斯卡原理）算起，液压技术也有了 300 多年的历史。尽管 18 世纪末英国制成了第一台水压机，19 世纪末法国制成了液压龙门刨床、美国制成了转塔车床和磨床，但由于缺乏成熟的液压元件，因而，这期间液压技术并没有得到普遍应用。直到第二次世界大战期间，由于军事工业需要反应快、动作准确的自动控制系统，液压技术的发展才得以加快。战后，液压技术迅速转向民用，随着工业水平的不断提高，液压元件的研制和开发应用加速，并进一步完善使液压产品实现了标准化、系列化和通用化，液压技术迅速在机械制造、工程机械、农业机械和汽车制造等行业得到推广应用。到 20 世纪 60 年代，随着原子能、空间技术、微电子和计算机技术的发展，液压技术进入一个新的发展阶段，其发展速度仅次于电子技术，成为机械技术领域中发展速度最快的技术之一。

我国液压工业开始于 20 世纪 50 年代初，是从仿制苏联产品起步，附属于机床制造业、农机制造业和工程机械制造业等主机行业而逐渐发展起来的。到 20 世纪 60 年代初的十几年间没有专业生产厂家，也没有形成独立的液压元件制造业。直到 1965 年，我国才从日本引进液压元件制造技术，建立了第一家液压元件专业生产厂——榆次液压件厂，由此促进了我国液压技术的迅速发展。经过 50 多年的发展，我国液压工业已形成具有一定独立开发能力、产品门类齐全、具有一定技术水平和相当规模的工业体系。但是，大多数国产件与国外先进的同类产品相比，在产品质量和品种方面仍有一定差距。然而，可以预见，随着我国社会主义建设事业的迅速发展，液压技术也必将获得更快的发展，在各个工业领域的应用也将会越来越广泛。

由于液压技术广泛应用了高科技成果，如自控技术、计算机技术、微电子技术、可靠性及新工艺和新材料等，传统技术有了新的发展，也使产品的质量、水平有了一定的提高。尽管如此，21 世纪的液压技术不可能有惊人的技术突破，应当主要依靠现有技术的改进和扩展，不断扩大其应用领域以满足未来的要求。其主要的发展趋势将集中在以下几个方面：

（1）减少损耗，充分利用能量。液压技术在将机械能转换成压力能及反转换过程中，总存在能量损耗。为减少能量的损失，必须解决几个问题：减少元件和系统的内部压力损失，以减少功率损失；减少或消除系统的节流损失，尽量减少非安全需要的溢流量；采用静压技术和新型密封材料，减少摩擦损失；改善液压系统性能，采用负荷传感系统、二次调节系统和采用蓄能器回路。

（2）减少泄漏，控制污染。泄漏控制包括防止液体泄漏到外部造成环境污染和外部环境对系统的侵害两个方面。今后，将发展无泄漏元件和系统，如发展集成化和复合化的元件和系统，实现无管连接，研制新型密封、无泄漏管接头和电动机油泵组合装置等。无泄漏将是世界液压界今后努力的重要方向之一。过去，液压界主要致力于控制固体颗粒的污染，而对水、空气等的污染控制不够重视。今后应严格控制产品生产过程中的污染，发展封闭式系统，防止外部污染物侵入系统；应改进元件和系统设计，使之具有更强的耐污染能力。同时，开发耐污染能力强的高效滤材和过滤器。研究对污染的在线测量；开发油水分离净化装置和排湿元件，以及开发能清除油中的气体、水分、化学物质和微生物的过滤元件及检测装置。

（3）故障预测，主动维护。开展液压系统的故障预测，实现主动维护。必须使液压系统故障诊断现代化，加强专家系统的开发研究，建立完整的、具有学习功能的专家知识库，并利用计算机和知识库中的知识，推算出引起故障的原因，提出维修方案和预防措施。进一步开发液压系统故障诊断专家系统通用工具软件，开发液压系统自补偿系统，包括自调整、自校正，在故障发生之前进行补偿，这是液压行业努力的方向。

（4）机电一体化。机电一体化可实现液压系统柔性化、智能化，充分发挥液压传动出力大、惯性小、响应快等优点，其主要发展动向：液压系统将由过去的电液开发系统和开环比例控制系统转向闭环比例伺服系统，同时对压力、流量、位置、温度、速度等传感器实现标准化；提高液压元件性能，在性能、可靠性、智能化等方面更适应机电一体化需求，发展与计算机直接接口的高频、低功耗的电磁电控元件；液压系统的流量、压力、温度、油污染度等数值将实现自动测量和诊断；电子直接控制元件将得到广泛采用，如电控液压泵，可实现液压泵的各种调节方式，实现软启动、合理分配功率、自动保护等；借助现场总线，实现高水平信息系统，简化液压系统的调节、争端和维护。

（5）液压CAD技术。充分利用现有的液压CAD设计软件，进行二次开发，建立知识库信息系统，将构成设计—制造—销售—使用—设计的闭环系统。将计算机仿真与实时控制结合起来，在试制样机前，可用软件修改其特性参数，以达到最佳设计效果。下一个目标是，利用CAD技术支持从液压产品到零部件设计的全过程，并把CAD/CAM/CAPP/CAT，以及现代管理系统集成在一起建立集成计算机制造系统（CIMS），使液压设计与制造技术得到突破性的发展。

（6）新材料、新工艺。新型材料的使用，如陶瓷、聚合物或涂敷料，可使液压的发展引起新的飞跃。为了保护环境，研究采用生物降解迅速的压力流体，如采用菜油基和合成脂基或者水及海水等介质替代矿物液压油。铸造工艺的发展，将促进液压元件性能的提高，如铸造流道在阀体和集成块中的广泛使用，可优化元件内部流动，减少压力损失和降低噪声，实现元件小型化。

2. 气动技术的应用和发展

人们很早就利用空气作为工作介质传递动力做功，如利用自然风力推动风车，带动水车提水灌田。自18世纪工业革命开始，气压传动逐渐被应用于各行各业，如矿山用的风钻、火车的制动装置、汽车的自动开关门装置等。自20世纪60年代以来，气动技术迅速发展，近些年来，各国一般把气压传动作为一种低成本的工业自动化手段应用于各种设备。目前气动元件的发展速度已经超过液压元件，气动技术已经成为一个独立的专门技术领域。许多机器设备装有气动系统，气动技术已广泛应用于机械、电子、钢铁、运输、制造、橡胶、纺织、化工、食品、包装、印刷和烟草等一般工业领域。在核工业和宇航工业等尖端技术领域中也大量应用气动技术。气动技术应用的最典型的代表是工业机器人，代替人类的手腕、手及手指能正确并迅速地做抓取或放开等细微的动作。除工业生产上的应用外，在游乐场的过山车上的刹车装置、机械制作的动物表演及人形报时钟的内部，均采用了气动技术，实现细小的动作。目前，气动技术的发展趋势主要有六个方面：一是体积更小，质量更轻，功耗更低；二是多功能化和复合化；三是元件智能化；四是提高了执行元件定位精度；五是提高了安全性和可靠性；六是向高速、高频、高响应、高寿命方向发展。

经过前面内容的学习，我们知道液压系统的组成是动力元件、执行元件、控制元件、液压辅助元件和工作介质，那么，气动系统的组成是不是也是这样呢？请学生利用各类资料查找气动系统的组成。

任务分析

经过学习，我们知道了液压系统的组成包括动力元件、执行元件、控制元件、辅助元件和液压介质，那么下面我们查阅资料看一下气动系统由那几部分组成，和液压系统又有什么不同。

任务实施

在老师的指导下，让学生查阅资料找到气动系统的组成，将其写到下面空白处，并分析气动系统和液压系统的相同点和不同点。

任务评价

考核标准					
班级		组名		日期	
考核项目名称					
考核项目	具体说明		分值	教师	学生
气动系统的组成	能正确写出气动系统的组成		50		
气动系统和液压系统的不同	动力元件的不同		10		
	工作介质的不同		10		
	其他的不同		10		
英文翻译	翻译液压系统和气动系统组成部分的英文		20		
成绩评定					

任务 1.2 认识液压泵站

任务描述

认识车间的液压泵站，并在此基础上搭建一个图 1-2 所示的简易液压系统，在搭建过程中认识液压泵站的各类液压元件及其职能符号。

任务目标

1. 了解液压泵站的工作原理，熟知液压泵站典型元件的结构特点。

2. 掌握液压泵的流量、压力、功率的物理意义。

3. 能够在团队合作过程中建立团队精神和安全生产的意识。

液压泵站又称液压站，是独立的液压装置。它按逐级要求供油，并控制液压油的流动方向、压力和流量，适用于主机与液压装置可分离的各种液压机械。用户只要将液压站与主机上的执行机构（液压缸或液压马达）用油管相连，液压机械即可实现各种规定的动作和工作循环。

1.2.1 液压泵站的组成和工作原理

1. 液压泵站的组成

液压泵站一般由液压泵装置、集成块或阀组合、油箱、电气盒、辅助元件组合构成，如图1-3所示。各部件功能如下：

（1）液压泵装置。其上装有电动机和液压泵，是液压泵站的动力源，将机械能转化为液压油的压力能，如图1-3中的高压柱塞泵组和低压叶片泵组。

（2）集成块。由液压阀及通道体组装而成，对液压油进行方向、压力和流量的调节。

（3）阀组合。板式阀装在立板上，板后管连接，与集成块功能相同，如图1-3中的柱塞泵调压组件和叶片泵调压组件。

（4）油箱。板焊的半封闭容器，其上还装有滤油网、空气滤清器等，用来储存、冷却及过滤液压油。

（5）电气盒。电气盒分为两种形式：一种设置外接引线的端子板；另一种配置全套控制电器。

（6）辅助元件。如图1-3中的压力表盘、风冷却器、蓄能器组件、空气滤清器等。

图 1-2　简易液压系统

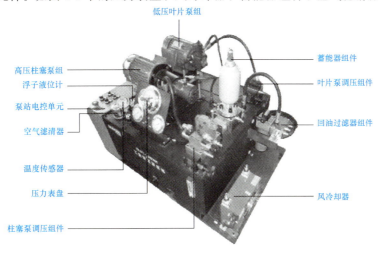

图 1-3　液压泵站

2. 液压泵站的工作原理

电动机带动液压泵转动，液压泵从油箱中吸油、供油，将机械能转化为液压油的压力能，液压油通过集成块（或阀组合）实现方向、压力和流量的调节后经外接管路流至液压机械的液压缸或液压马达中，从而控制液动机运动方向的变换、力量的大小及速度的快慢，推动各种液压机械做功。

1.2.2　液压泵的工作原理与特点

液压动力元件是液压传动系统不可缺少的核心元件，其主要作用是向整个液压系统提供动力源。液压传动系统以液压泵作为向系统提供一定流量和压力的动力元件，液压泵将原动机输出的机械能转换为工作液体的压力能，是一种能量转换装置。

1. 液压泵的工作原理

液压泵是液压传动系统的动力元件。图 1-4 所示是单柱塞液压泵（容积式）的工作原理，图中泵体 3 和柱塞 2 构成一个密封的容积 a，偏心轮 1 由原动机带动旋转，当偏心轮向下转动时，柱塞在弹簧 4 的作用下向下移动，容积 a 逐渐增大，形成局部真空，油箱内的油液在大气压力作用下，顶开单向阀 5 进入油腔 a，实现吸油。当偏心轮向上转动时，推动柱塞向上移动，容积 a 逐渐减小，油液受柱塞挤压而产生压力，使单向阀 5 关闭，油液顶开单向阀 6 而输入系统，这就是压油。这样液压泵就将原动机输入的机械能转换为液流的液压能。由上可知，液压泵是通过密封容积的变化来完成吸油和压油的，其排油量的大小取决于密封腔的容积变化，故称为容积式泵。为了保证液压泵的正常工作，单向阀 5、6 使吸、压油腔不相通，起配油的作用，因而称为阀式配油。为了保证液压泵吸油充分，油箱必须与大气相通。

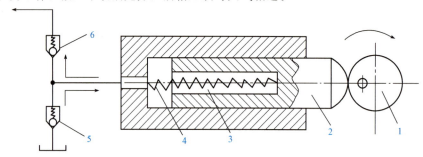

图 1-4　单柱塞液压泵（容积式）工作原理

1—偏心轮；2—柱塞；3—泵体；4—弹簧；5、6—单向阀

2. 液压泵的分类

液压泵按其结构形式不同分为齿轮泵、叶片泵、柱塞泵和螺杆泵等类型；按输出流量能否变化可分为定量泵和变量泵。

液压泵的图形符号如图 1-5 所示。

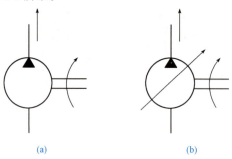

(a)　　　　　　　　　　　　(b)

图 1-5　液压泵的图形符号

(a) 定量泵；(b) 变量泵

1.2.3 液压泵的主要性能参数

液压泵的主要性能参数有压力、排量、流量、功率和效率等。

1. 液压泵的压力

液压泵的工作压力是指泵工作时输出油液的实际压力，其数值取决于负载的大小。

液压泵的额定压力是泵在正常工作条件下按试验标准规定，连续运转的最高压力，它受泵本身的泄漏和结构强度所制约。由于液压传动的用途不同，系统所需要的压力也不相同，液压泵的压力等级见表 1-1。

表 1-1　压力分级

压力等级	低压	中压	中高压	高压	超高压
压力/MPa	≤2.5	>2.5～8	>8～16	>16～32	>32

2. 液压泵的排量和流量

（1）排量。排量是指在没有泄漏的情况下，泵轴每转一周由其密封容积几何尺寸变化计算而得到的排出的液体体积，用 V 表示，常用单位为 cm^3/r。排量的大小取决于泵的密封工作腔的几何尺寸（而与转速无关）。

（2）流量。流量有理论流量和实际流量之分。

1）理论流量 q_t。泵在单位时间内由密封容腔几何尺寸变化计算而得的排出的液体体积，它等于排量 V 和转速 n 的乘积，即

$$q_t = Vn \tag{1-1}$$

2）实际流量 q_v。泵在某工作压力下实际排出的流量。由于泵存在内泄漏，所以，泵的实际流量小于理论流量。

在泵的正常工作条件下，试验标准规定必须保证的流量称为泵的额定流量。

3. 液压泵的功率

功率是指单位时间内所做的功，用 P 表示。由物理学可知，功率等于力和速度的乘积，现以图 1-6 为例，当液压缸内油液对活塞的作用力与负载相等时，能推动活塞以 v 速度运动，则液压缸的输出功率为

$$P = Fv \tag{1-2}$$

因 $F = pA$，$v = q/A$，将其代入式（1-2）中得

$$P = pA\frac{q}{A} = pq \tag{1-3}$$

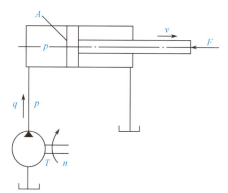

图 1-6　液压泵功率的计算

式（1-3）即为液压缸的输入功率，其值等于进液压缸的流量（q）和液压缸工作压力（p）的乘积。按上述原理液压泵的输出功率等于泵的输出流量和工作压力的乘积。

泵输入的机械能表现为转矩 T 和转数 n；泵输出的压力能表现为油液的压力 p 和流量 q，若忽略泵转换过程中能量损失，泵的输出功率等于输入功率，即泵的理论功率为

$$pq_t = 2\pi n T_t \tag{1-4}$$

4. 液压泵的效率

液压泵在能量转换和传递过程中，必然存在能量损失，如泵的泄漏造成的流量损失，机械运动副之间的摩擦引起的机械能损失等。

（1）液压泵的容积效率。液压泵由于存在泄漏，因此，它输出的实际流量 q 总是小于理论流量 q_t，即

$$q = q_t - \Delta q$$

Δq 为泄漏量，它与泵的工作压力 p 有关，随工作压力 p 的增高而增大，而实际流量则随工作压力 p 的增高而相应减小。

液压泵的容积效率 η_v 可用下式表示：

$$\eta_v = \frac{q}{q_t} = \frac{q}{Vn} \tag{1-5}$$

由此得出泵输出实际流量的公式为

$$q = Vn\eta_v \tag{1-6}$$

（2）液压泵的机械效率。由于存在机械损耗和液体黏性引起的摩擦损失，因此，液压泵的实际输入转矩 T_i 必然大于泵所需的理论转矩 T_t，其机械效率为

$$\eta_m = T_t / T_i \tag{1-7}$$

（3）液压泵的总效率。液压泵的总效率为泵的输出功率 P_o 和输入功率 P_i 之比：

$$\eta = \frac{P_o}{P_i} = \frac{pq}{2\pi n T_i} = \frac{pVn}{2\pi n T_i} \times \frac{q}{Vn} = \eta_m \eta_v \tag{1-8}$$

即液压泵的总效率等于容积效率 η_v 和机械效率 η_m 的乘积。

5. 液压泵所需电动机的功率

在液压系统设计时，如果已经选定了泵的类型，并计算出了所需泵的输出功率 P_o，则可用公式 $P_i = P_o / \eta$ 计算泵所需的输入功率 P_i。

任务分析

经过学习前面的内容我们知道液压泵站的基本组成是电动机、液压泵、液压辅助元件和集成控制阀，也了解到了液压系统的组成包括动力元件、辅助元件、执行元件、控制元件和液压介质，液压泵站已经有了液压介质、动力元件、控制元件，那么借助液压执行元件和换向就可以搭建一个简易的液压系统了。

任务实施

（1）在老师的指导下：让学生首先认识液压泵站上的元件名称、外形，查阅资料找到液压元件对应的职能符号，并将主要的液压元件的职能符号和名称写到下面空白处。

（2）搭建简易液压回路。

实施步骤：

1）在教师指导下，分析图1-2所示各元件在系统中的作用，固定并连接各液压元件。

2）分组操作试验台。

①启动液压泵电动机。

②在教师指导下，将溢流阀调整到一个合适的状态。

③改变换向阀的位置，观察液压缸的运动方向。

3）注意事项。

①正确安装和固定元件。

②按照要求连接好回路，检查无误后才能启动电动机。

③在有压力的情况下不准拆卸管子。

④不得使用超过限制的工作压力。

⑤启动液压泵电动机前，应将溢流阀调节螺母放在最松状态。

⑥连接液压元件时，要可靠，防止松脱、泄漏。

任务评价

考核标准					
班级		组名		日期	
考核项目名称					
考核项目	具体说明		分值	教师	学生
液压元件的认知	能正确写出液压泵站主要元件的名称和其职能符号		40		
液压基本回路搭建	能在教师的指导下完成液压基本回路的正确搭建		30		
安全生产	自觉遵守安全文明生产规程		30		
成绩评定					

任务1.3 液压动力元件的拆装与结构分析

任务描述

车间的液压泵站上的液压泵用的时间太长，需要拆开后进行清洁保养。

任务目标

1. 掌握各类泵基本工作原理及结构特点。

2. 根据实训条件，能够正确拆装液压泵，并能够指出各零件的名称和工作过程。

3. 能够根据液压系统的设计要求，选择合适的液压泵。

4. 能够安全规范地完成液压泵的拆装。

液压泵按其在单位时间内所能输出油液的体积是否可调而分为定量泵和变量泵两类；按结构形式可分为齿轮式、叶片式、柱塞式和螺杆式等。其中，应用最为广泛的便是齿轮泵，它一般做成定量泵形式。齿轮泵主要结构形式有外啮合和内啮合两种。外啮合齿轮泵（图1-7）由于结构简单、价格低、体积小、质量轻、自吸性能好、对油液污染不敏感，所以应用比较广泛；但其缺点是流量脉动大、噪声大。

图 1-7　外啮合齿轮泵

微课：齿轮泵的
结构和工作原理

1.3.1　齿轮泵

1.3.1.1　外啮合齿轮泵

1. 外啮合齿轮泵的工作原理及结构

外啮合齿轮泵的工作原理如图1-8所示，齿轮泵在泵体内有一对等模数、齿数的齿轮，当吸油口和压油口各用油管与油箱和系统接通后，齿轮各齿间槽和泵体以及齿轮前后端面贴合的前、后泵盖（图中未表示）间形成密封工作腔，而啮合线又把它们分隔为两个互不串通的吸油腔和压油腔。当齿轮按图示方向旋转时，右侧轮齿脱开啮合（齿与齿分离时）让出空间使容积增大，形成真空，在大气压力的作用下从油箱吸进油液，并被旋转的齿轮带到左侧。左侧轮齿进入啮合时，使密封容积缩小，油液从齿间被挤出输入系统而压油。

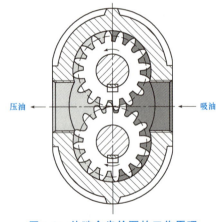

图 1-8　外啮合齿轮泵的工作原理

齿轮泵的输油量是有脉动的。流量的脉动引起压力脉动，随之产生振动与噪声。所以，精度要求高的场合不宜采用齿轮泵供油。CB-B型外啮合低压齿轮泵结构如图1-9所示。它是分离三片式结构，三片是指泵体7和泵盖4、8，泵体内装一对齿数相等又相互啮合的齿轮6，长轴（主动轴）12和短轴（从动轴）15通过键与齿轮6连接，两根轴借助滚针轴承支承在前、后泵盖4、8中。前、后泵盖与泵体用两个定位销17定位，用6个螺钉9连接并压紧。为了使齿轮能灵活地转动，同时又要使泄漏最小，在齿轮端面和泵盖之间应有适宜间隙（0.025~0.04 mm）。为了防止泵内油液外泄，又要减小螺钉的拉力，在泵体的两端面开有封油卸荷槽，此槽与吸油口相通，泄漏油由此槽流回吸油口。另外，在前、后泵盖中的轴承处也钻有泄漏油孔，使轴承处泄漏油液经短轴中心通孔及通道流回吸油腔。传动轴的旋转密封圈处于低压，泵不需要设置单独的外泄漏油管。这种结构泵的吸油腔不能承受高压，因此，泵的吸、压油腔不能互换，泵不能反向工作。

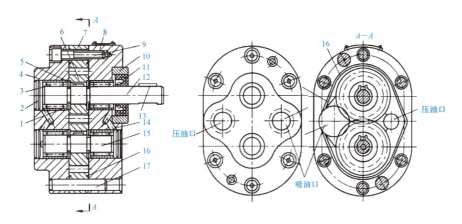

图 1-9　CB-B 型外啮合低压齿轮泵结构

1—轴承外环；2—堵头；3—滚子；4—后泵盖；5、13—键；6—齿轮；7—泵体；8—前泵盖；9—螺钉；
10—压环；11—密封环；12—主动轴；14—泄油孔；15—从动轴；16—泄油槽；17—定位销

2. 齿轮泵的结构特点及优缺点

（1）齿轮泵的困油现象。齿轮泵要平稳地工作，齿轮啮合的重叠系数必须大于 1，当前一对轮齿尚未退出啮合时，后一对轮齿已经进入啮合，这样在两对轮齿啮合瞬间，在两啮合处之间形成了一个封闭的容积，其内被封闭的油液随封闭容积从大到小 ［图 1-10 （a）～图 1-10 （b）］，又从小到大 ［图 1-10 （b）～图 1-10 （c）］的变化。被困油液压力周期性升高和下降会引起振动、噪声和空穴现象，这种现象称为困油现象。困油现象严重地影响泵的工作平稳性和

微课：CB-B
齿轮泵的结构

使用寿命。为了减小和消除困油现象的影响，通常在两泵盖内侧面上开困油卸荷槽（图 1-11 中虚线所示），有对称开的，也有偏向吸油腔开的，还有开圆形盲孔卸荷槽的。目的是使封闭容积减小时，通过卸荷槽将其与压油腔相通；封闭容积增大时，通过卸荷槽将其与吸油腔相通。两槽之间的距离应保证吸、压油腔互不相通，否则泵不能正常工作。

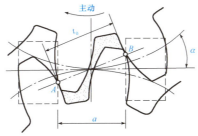

图 1-10　齿轮泵的困油现象

（a）齿啮合封闭容积最大；（b）齿啮合封闭容积最小；（c）齿啮合封闭容积变大

图 1-11　齿轮泵的困油卸荷槽

（2）泄漏。齿轮泵压油腔的压力油可通过三条途径泄漏到吸油腔去（图 1-12）：一是通过齿

轮啮合线处间隙；二是通过齿顶间隙；三是通过齿轮两端面间隙，其泄漏量占75％～80％，而且泄漏量随泵工作压力的提高而增大，同时又随着端面磨损而增大，因而只适用于低压场合。在中高压齿轮泵中，在减小径向不平衡力和提高轴与轴承的刚度的同时，还应采用自动补偿端面间隙装置。常用的有浮动轴套式和弹性侧板式两种，其原理都是引入压力油使轴套或侧板紧贴齿轮端面。压力越高贴得越紧，因而可以自动补偿端面磨损和减小间隙，图1-13（a）所示为采用浮动轴套的中高压齿轮泵的工作原理示意。图中轴套2浮动安装，轴套左侧的空腔A与泵的压油腔相通，弹簧1使轴套2靠紧齿轮形成初始良好密封，工作时轴套2受左侧油压的作用而向右移动，将齿轮两侧压得更紧，从而自动补偿了端面间隙，提高了容积效率，这种齿轮泵的额定工作压力可达10～16 MPa。

图 1-12　齿轮泵泄漏

弹性侧板式间隙补偿装置如图1-13（b）所示。它是利用泵的出口压力将油引到侧板5后，依靠板自身的变形来补偿端面间隙的。侧板的厚度较薄，内侧面要耐磨。

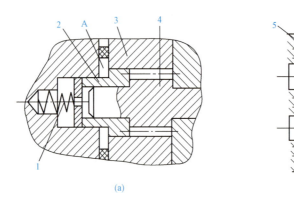

(a) (b)

图 1-13　端面间隙补偿装置示意
（a）浮动轴套式；（b）弹性侧板式
1—弹簧；2—轴套；3—泵体；4—齿轮；5—侧板

（3）径向不平衡力。齿轮泵工作时，压油腔的压力高，吸油腔的压力很低，这样对齿轮产生径向不平衡力，如图1-14所示，使轴弯曲变形，轴承磨损加快，严重时齿轮顶圆擦壳，为了减小径向不平衡力对泵带来的不良影响，CB型齿轮泵采取了缩小压油口的办法，使压油腔的油压仅作用在1～2个齿的范围内，并适当增大齿顶圆与泵体内孔的间隙（0.13～0.16 mm）。

1.3.1.2　内啮合齿轮泵

内啮合齿轮泵有渐开线齿形和摆线齿形两种。其原理如图1-15所示，它们的工作原理也同外啮合齿轮泵一样，小齿轮为主动轮，按图示方向旋转时，轮齿退出啮合容积增大而吸油，进入啮合容积减小而压油。在渐开线齿形

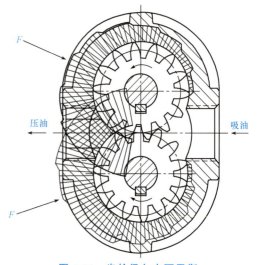

图 1-14　齿轮径向力不平衡

内啮合齿轮泵腔中，小齿轮和内齿轮之间要安装一块月牙形隔板，以便把吸油腔和压油腔隔开［图1-15（a）］。摆线齿形内啮合齿轮泵又称摆线转子泵，小齿轮和内齿轮相差一齿，因而不需要设置隔板［图1-15（b）］。

内啮合齿轮泵具有结构紧凑、体积小、运转平稳、噪声小等优点，在高转速下工作有较高的容积效率。其缺点是制造工艺较复杂，价格较高。

在工程实际中应注意齿轮泵这些特点，进而选择合适的齿轮泵作为液压系统的动力原件。

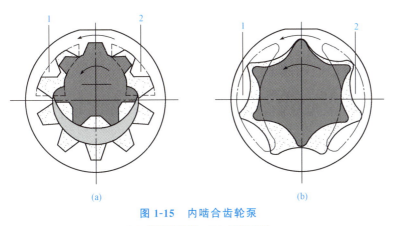

微课：双作用叶片泵
作用和工作原理

微课：双作用叶片泵
实物讲解

图1-15　内啮合齿轮泵

（a）渐开线齿形；（b）摆线齿形

1—吸油腔；2—压油腔

1.3.2　叶片泵

叶片泵的结构较齿轮泵复杂，因其工作压力较高，且流量脉动小，工作平稳，噪声较小，寿命较长，所以，它被广泛应用于机械制造中的专用机床、自动生产线等中低液压系统中；但其结构复杂，吸油特性不太好，对油液的污染也比较敏感。

1.3.2.1　双作用式叶片泵

叶片泵按其输出流量是否可调节可分为定量叶片泵和变量叶片泵两类；按作用方式可分为双作用式叶片泵和单作用式叶片泵。双作用式叶片泵均为定量泵，一般最大工作压力为7.0 MPa，结构经改进的高压双作用式叶片泵的最大工作压力可达21.0 MPa。

1. 双作用式叶片泵的工作原理

图1-16所示为双作用式定量叶片泵的工作原理。它主要由定子、转子、叶片、配油盘、转动轴和泵体等组成。定子内表面是由两段长半径为R的圆弧、两段短半径为r的圆弧和四段过渡曲线共8个部分组成，且定子和转子是同心的。转子旋转时，叶片靠离心力和根部油压作用伸出紧贴在定子的内表面上，两叶片之间和转子的外圆柱面，定子内表面及前后配油盘形成一个个密封工作容腔。转子逆时针方向旋转时，密封工作腔的容积在右上角和左下角处逐渐增大，形成局部真空而吸油，为吸油区；在左上角和右下角处逐渐减小而压油，

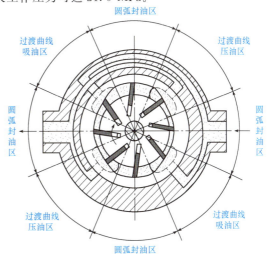

图1-16　双作用式定量叶片泵的工作原理

为压油区。吸油区和压油区之间有一段封油区将它们隔开。这种泵的转子每转一周，每个密封工作腔吸油、压油各两次，故称双作用式叶片泵。泵的两个吸油区和压油区是径向对称的，作用在转子上的径向液压力平衡，所以又称为平衡式叶片泵。

由于叶片有厚度，根部又连通压油腔，在吸油区叶片不断伸出，根部容积要由压力油补充，减少了输出流量，造成叶片泵有少量流量脉动。流量脉动率在叶片数为 4 的整数倍且大于 8 时最小，故定量叶片泵叶片数为 10 或 12。

2. YB 型双作用式叶片泵的结构

YB 型双作用式叶片泵是典型的双作用式叶片泵。YB_1 型双作用式叶片泵的结构如图 1-17 所示，它由前泵体 7 和后泵体 6、左右配油盘 1 和 5、定子 4、转子 12、叶片 11 及传动轴 3 等组成。YB_1 型双作用式叶片泵结构具有以下几个特点。

（1）吸油口与压油口有四个相对位置。前后泵体的四个连接螺钉布置成正方形，所以前泵体的压油口可变换四个相对位置装配，方便使用。

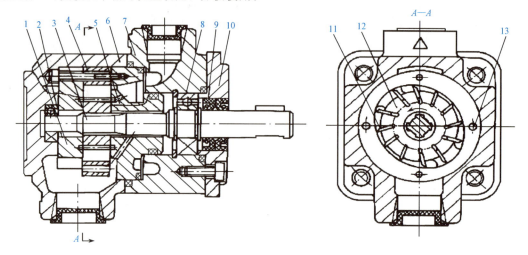

图 1-17　YB_1 型双作用式叶片泵

1、5—配油盘；2、8—轴承；3—传动轴；4—定子；6—后泵体；
7—前泵体；9—密封圈；10—盖；11—叶片；12—转子；13—定位销

（2）采用组合装配和压力补偿配油盘。左右配油盘、定子、转子、叶片可以组成一个组件。两个定位销 13 为组件的紧固螺钉，它的头部插入后泵体 6 的定位孔内，并保证配油盘上吸、压油窗的位置能与定子内表面的过渡曲线相对应。当泵运转建立压力后，配油盘 5 在右侧压力油作用下，产生微量弹性变形，紧贴在定子上以补偿轴向间隙，减少内泄漏，有效地提高容积效率。

（3）配油盘。配油盘的上、下两缺口 b 为吸油窗口，两个腰形孔 a 为压油窗口，相隔部分为封油区域（图 1-18）。在腰形孔端开有三角槽 e，它的作用是使叶片之间的密封容积逐步地和高压腔相通以避免产生液压冲击，且可减小振动和噪声。在配油盘上对应于叶片根部位置处开有一环形槽 c（图 1-18），在环形槽内有两个小孔 d 与排油孔道相通，引进压力油作用于叶片底部，保证叶片紧贴定子内表面能可靠密封，f 为泄漏孔，将泵体间的泄漏油引入吸油腔。

（4）定子内曲线。定子内曲线由四段圆弧和四段过渡曲线组成。理想的过渡曲线能使叶片顶紧定子内表面，又能使叶片在转子槽滑动速度和加速度变化均匀，在过渡曲线和弧线交接点处应圆滑过渡，这样加速度突变变小，减小了冲击、噪声及磨损。目前，双作用式叶片泵一般使用综合性能较好的等加速、等减速曲线作为过渡曲线。

（5）叶片倾角。目前国产双作用式叶片泵，叶片在转子槽放置不采用径向安装，而是有一个顺转向的前倾角，如图1-19所示，原因是在压油区，如叶片径向安放，叶片和定子曲线有压力角 β，定子对叶片的反作用力 F 在垂直叶片方向上的分力（$F_\mathrm{t}=\sin\beta F$）使叶片产生弯曲，将叶片压紧在叶片槽的侧壁上。这样摩擦力增大，使叶片内缩不灵活，会使磨损增大，所以，将叶片顺转向倾斜一角度 θ（通常 $\theta=13°$）。这样使压力角减为 $\alpha=\beta-\theta$。压力角减小有利于叶片在槽内滑动。

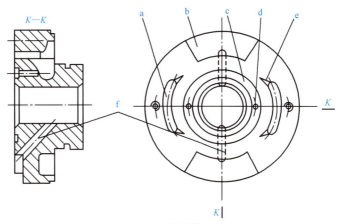

图1-18 叶片泵的配油盘
a—压油窗口；b—吸油窗口；c—环形槽；d—小孔；e—三角槽；f—泄漏孔

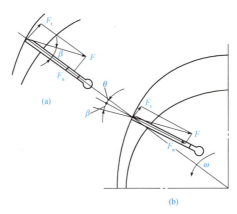

图1-19 叶片的倾角

3. 高压叶片泵的特点

双作用式叶片泵由于是卸荷式泵，配油盘还具备压力补偿轴向间隙的功能，有利于压力提高。但是为了保证叶片顶部与定子内表面紧密接触，所有叶片的根部通压力油，当叶片处于吸油区时，叶片作用于定子表面的力很大，在高速运转的情况下，会加剧定子内表面的磨损，这是不能提高泵的工作压力的主要原因。所以，必须在结构上采取措施，使通过吸油区叶片压向定子内表面的作用力减小。高压叶片泵采用措施如下：

（1）双叶片式结构：如图1-20所示，在转子的叶片槽内装有两个叶片1、2，两叶片间可以相对滑动，叶片顶端倒角部分形成油室 a，经叶片中间小孔 c 与叶片底部 b 油室相通，使叶片上、下油压作用力基本平衡，这种叶片泵压力可以达 17 MPa。

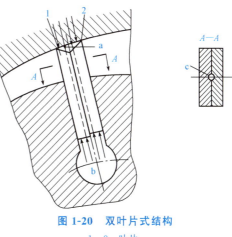

图1-20 双叶片式结构
1、2—叶片；
a、b—油室；c—小孔

（2）子母叶片式结构：又称为复合叶片，如图1-21所示，母叶片1和子叶片2两部分，通过配油盘使母子叶片间的小腔a总是和压力油相通。而母叶片根部c腔，则经转子3上的虚线油孔b始终与顶部油压相通。当叶片在吸油区工作时，叶片根部不受高压油作用，只受a腔的高压油作用而压向定子。由于a腔面积不大，所以定子表面所受的作用力也不大，但能使叶片与定子接触良好，保证密封。这种高压叶片泵压力可达20 MPa。

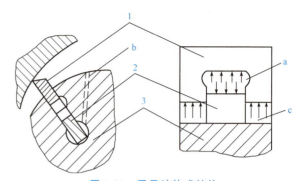

图1-21　子母叶片式结构
1—母叶片；2—子叶片；3—转子

1.3.2.2　单作用式叶片泵

单作用式叶片泵多为变量泵，工作压力最大为7.0 MPa。

1. 单作用式变量叶片泵工作原理

图1-22所示为单作用式变量叶片泵工作原理。它由定子、转子、叶片、配油盘等组成。转子和定子有偏心量e_0。当电动机驱动转子朝箭头方向旋转时，由于离心力的作用，使叶片顶紧定子内表面，这样在定子、转子、叶片和两侧的配油盘之间，就形成了一个个密封容积。叶片经下半部时，从槽中逐步伸出，密封容积增大，从吸油窗口吸油。叶片经上半部时，被定子内表面又逐渐压入槽内，密封容积减小，从压油窗口将油压出。这种叶片泵，每转一周吸油、压油各一次，称为单作用式叶片泵，又因这种转子受不平衡的径向液压力作用，又称为非平衡式叶片泵。由于轴承承受负荷大，压力提高受到限制。

变量叶片泵在吸油区的叶片根部不通压力油，否则叶片对定子内壁摩擦力较大，会削弱泵的压力反馈作用。因而，为了能使叶片在惯性力作用下顺利甩出，叶片采用后倾一个角度（$\alpha=24°$）安放。

2. 限压式变量叶片泵

变量叶片泵的变量方式有手调和自调两种。自调变量叶片泵又根据工作特性的不同分为限压式、恒压式和恒流式三类。其中以限压式应用较多。限压式变量叶片泵又可分为外反馈式和内反馈式。

（1）外反馈式变量叶片泵。工作原理如图1-22所示。转子1的中心O_1不变，定子2则可以左右移动，定子在右侧限压弹簧3的作用下，被推向左端和反馈柱塞6靠牢，使定子和转子间有原始偏心量e_0，它决定了泵的最大流量，e_0的大小可通过调节流量螺钉7调节。泵的出口压力p，经泵体内通道作用于左侧反馈柱塞6上，使反馈柱塞对定子2产生一个作用力pA（A为柱塞面积）。由于泵的出口压力p决定于外负载，随负载而变化，当供油压力较

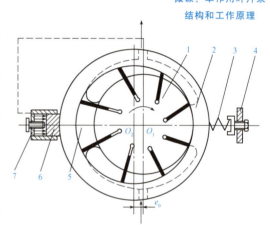

图1-22　外反馈式变量叶片泵工作原理
1—转子；2—定子；3—限压弹簧；4—限压调节螺钉；
5—配油盘；6—反馈柱塞；7—流量螺钉

微课：单作用叶片泵
结构和工作原理

微课：限压式叶片泵
的结构和工作原理

微课：限压叶片泵
实物讲解

低，$p_A \leqslant kx_0$ 时（k 为弹簧刚度，x_0 为弹簧的预压缩量），定子不动，最大偏心量 e_0 保持不变，泵的输出流量为最大。当泵的工作压力升高而大于限定压力 p_B 时，$p_A \geqslant kx_0$。这时限压弹簧被压缩，定子右移，偏心量减小，泵的流量也随之减小。泵的工作压力越高，偏心量就越小，泵的流量也越小。当泵的压力增加使定子与转子偏心量近似为零（微小偏心量所排出流量只补偿内泄漏）时，泵的输出流量为零。此时，泵的压力 p_C 称为泵的极限工作压力。p_B 称为限定压力（即保持原偏心量 e_0 不变时的最大工作压力）。限压式变量叶片泵的流量压力特性曲线如图 1-23 所示。调节流量螺钉 7，可改变偏心量 e_0，输出流量随之变化，AB 曲线上下平移。调节限压螺钉 4 时，改变 x_0 可使 BC 曲线左右平移。

（2）内反馈式变量叶片泵。内反馈式变量叶片泵的工作原理如图 1-24 所示。其结构与外反馈式基本相同，只是没有"外"反馈的柱塞缸；"内"反馈力的产生，是由于配油盘 3 上吸、压油窗口偏转一个角度 θ（图 1-24），致使压油区的液压力作用在定子上的径向不平衡力 F 的水平分力 F_x 与 kx_0 方向相反。当泵的工作压力 p 升高时，F_x 也增大。当 $F_x > kx_0$ 时，定子右移，e 减小，流量减小。

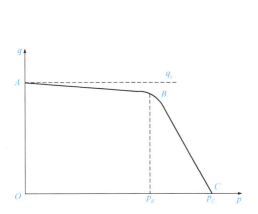

图 1-23　限压式变量叶片泵的流量压力特性曲线

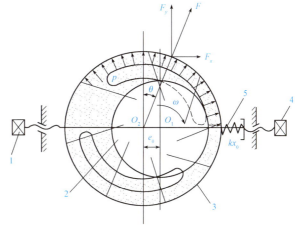

图 1-24　内反馈式变量叶片泵的工作原理
1—流量螺钉；2—转子；3—配油盘；
4—限压调节螺钉；5—限压弹簧

（3）限压式变量叶片泵的调整和应用。由限压式变量叶片泵的流量压力特性曲线可知，它适用于机床有"快进、工进"及"保压系统"的场合。快速进给时，负载小、压力低、流量大，泵处于特性曲线 AB 段。慢速进给时，负载大、压力高、流量小，泵自动转换到特性曲线 BC 段某点工作。保压时，在近 p_C 点工作，提供小流量补偿系统泄漏。如某限压式变量叶片泵 q-p 特性曲线如图 1-25 中曲线Ⅰ所示，若机床快进时所需泵的工作压力为 1 MPa，流量为 30 L/min，工进时泵的工作压力为 4 MPa，所需要流量为 5 L/min，调整泵的 q-p 特性曲线以满足工作需要。

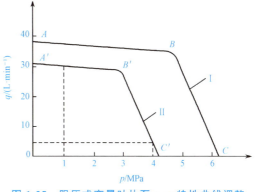

图 1-25　限压式变量叶片泵 q-p 特性曲线调整

若按泵的原始 q-p 特性曲线工作，快进流量过大，工进时泵的出口工作压力也过高，与机床工作要求不适应，所以必须进行调整。调整时一般先调节流量螺钉，移动定子减小偏心量 e_0，

使 AB 线向下移至流量为 30 L/min 处，然后调整限压螺钉，减少弹簧预压缩量，使 BC 段左移到曲线Ⅱ上工作，以满足机床工作需要。曲线Ⅱ为调整后泵的工作特性曲线。

（4）限压式变量叶片泵的结构。图 1-26 所示为外反馈限压式变量叶片泵（YBX-25 型）的结构。液压泵的传动轴 2 支承在两个滚针轴承 1 上，它带动转子 7 做逆时针方向回转。转子的中心是不变的，定子 6 可以上下移动。滑块 8 用来支承定子 6，并承受压力油对定子的作用力。滑块支承在滚针 9 上，提高定子随滑块对油压变化时移动反应灵敏度。在限压弹簧 4 的作用下，通过弹簧座使定子紧靠在活塞 11 上，使定子中心和转子中心之间有个偏心量 e_0，偏心量大小可用螺钉 10 来调节。螺钉 10 调定后，即确定了泵的最大偏心量，即泵的排量最大。液压泵出口的压力油经孔 a（图中虚线所示）到活塞 11 的下端，使其产生一个改变偏心量 e 的反馈力，通过调节螺钉 3 可以调节限压弹簧 4 以改变泵的限定工作压力和输出最大工作压力。

限压式变量叶片泵常用于执行元件需要有快、慢速运动的液压系统中，可以降低功率损耗，减少油液发热，与采用双联泵供油相比，可以简化油路，节省液压元件。

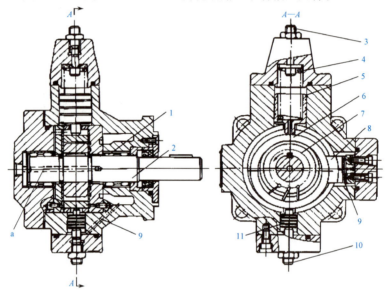

图 1-26 外反馈限压式变量叶片泵结构
1—滚针轴承；2—传动轴；3—调节螺钉；4—限压弹簧；5—套；
6—定子；7—转子；8—滑块；9—滚针；10—螺钉；11—活塞

1.3.3 柱塞泵

叶片泵和齿轮泵受使用寿命或容积效率的影响，一般只适合做中、低压泵。柱塞泵是依靠柱塞在缸体内往复运动，使密封容积产生变化，来实现吸油和压油的。由于柱塞与缸体内孔均为圆柱表面，因此加工方便、配合精度高、密封性能好、容积效率高，同时，柱塞处于受压状态，能使材料的强度性能充分发挥，只要改变柱塞的工作行程就能改变泵的排量，所以，柱塞泵具有压力高、结构紧凑、效率高、流量调节方便等优点。由于单柱塞泵只能断续供油，因此，作为实用的柱塞泵，常由多个单柱塞泵组合而成，根据其排列方向不同可分为径向柱塞泵和轴向柱塞泵。

1.3.3.1 径向柱塞泵

1. 径向柱塞泵的结构

图 1-27 所示为径向柱塞泵的结构，径向柱塞泵由定子 4、转子（缸体）2、

微课：径向柱塞泵
的结构和工作原理

配油轴5、衬套3和柱塞1等主要零件组成。

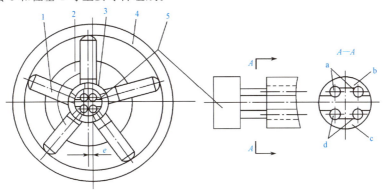

图1-27　径向柱塞泵的结构
1—柱塞；2—转子；3—衬套；4—定子；5—配油轴

2. 径向柱塞泵的工作原理

径向柱塞泵的衬套3紧配在转子2的孔内，随着转子一起旋转，而配油轴是不动的。当转子顺时针旋转时，柱塞在离心力或低压油作用下，压紧在定子内壁上。由于转子和定子之间有偏心量e，故转子在上半周转动时柱塞向外伸出，径向孔内的密封工作容积逐渐增大，形成局部真空，将油箱中的油经配油轴上的b腔吸入；转子转到下半周时，柱塞向内推入，密封工作容积逐渐减小，将油液从配油轴上的c腔向外排出。转子每转一周各柱孔吸油和压油各一次。移动定子以改变偏心量e，可以改变泵的排量。

3. 径向柱塞泵的特点

径向柱塞泵径向尺寸大，结构较复杂，自吸能力差，且配油轴受到径向不平衡液压力的作用，易于磨损，这些都限制了它的转速和压力的提高。因此，目前应用不多，有被轴向柱塞泵所代替的趋势。

1.3.3.2　轴向柱塞泵

1. 轴向柱塞泵的工作原理

轴向柱塞泵的柱塞平行于缸体轴心线。泵的工作原理如图1-28所示。它主要由柱塞5、缸体7、配油盘10和斜盘1等零件组成。斜盘1和配油盘10固定不动，斜盘法

微课：轴向柱塞泵
的结构和工作原理

微课：轴向
柱塞泵实物讲解

线和缸体轴线间的交角为γ。缸体由轴9带动旋转，缸体上均匀分布了若干个轴向柱塞孔，孔内装有柱塞5，套筒4在弹簧6的作用下，通过压板3而使柱塞头部的滑履2和斜盘靠牢，同时套筒8则使缸体7和配油盘10紧密接触，起密封作用。当缸体按图示方向转动时，由于斜盘和压板的作用，迫使柱塞在缸体内做往复运动，使各柱塞与缸体间的密封容积增大或缩小变化，通过配油盘的吸油窗口和压油窗口进行吸油和压油。当缸孔自最低位置向前上方转动（前面半周）时，柱塞在转角0～π范围内逐渐向左伸出，柱塞端部的缸孔内密封容积增大，经配油盘吸油窗口吸油；柱塞在转角π～2π（里面半周）范围内，柱塞被斜盘逐步压入缸体，柱塞端部密封容积减小，经配油盘排油窗口而压油。

改变斜盘倾角γ的大小，就能改变柱塞的行程长度，也就改变了泵的排量。改变斜盘倾角的方向，就能改变泵的吸压油方向，就成为双向变量轴向柱塞泵。

由于柱塞的瞬时移动速度不相同，因而输出流量是脉动的，不同柱塞数目的柱塞泵，其输出流量的脉动率也不同。其大小变化规律见表1-2。

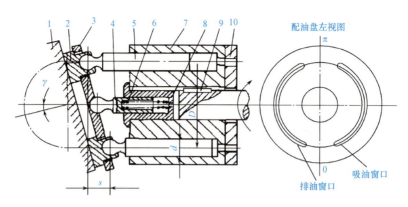

图 1-28　轴向柱塞泵的工作原理

1—斜盘；2—滑履；3—压板；4、8—套筒；5—柱塞；6—弹簧；7—缸体；9—轴；10—配油盘

表 1-2　柱塞泵的流量脉动率

柱塞数 Z	5	6	7	8	9	10	11	12
脉动率/%	4.98	14	2.53	7.8	1.53	4.98	1.02	3.45

由表 1-2 可以看出柱塞数较多并为奇数时，脉动率较小。因此，柱塞泵的柱塞数一般为奇数。从结构和工艺考虑，常取 $Z=7$ 或 $Z=9$。

2. 轴向柱塞泵的结构

（1）缸体端面间隙的自动补偿装置。如图 1-28 所示，使缸体紧压配油盘端面的作用力，除弹簧 6 的推力外，还有柱塞孔底部的液压力。此液压力比弹簧力大得多，而且随泵的工作压力增大而增大。由于缸体始终受力紧贴配油盘，端面得到自动补偿，提高了泵的容积效率。

（2）柱塞泵配油盘。如图 1-29 所示，a 为压油窗口、c 为吸油窗口、外圈 d 为卸压槽与回油相通，两个通孔 b 和 YB 型叶片泵配油盘上的三角槽作用相同，即减少冲击、降低噪声。其余 4 个小盲孔，可以起储油润滑的作用，配油盘外圆的缺口是定位槽。

（3）滑履。在斜盘式柱塞泵中，一般柱塞头部装有一对滑履 2（图 1-28），两者之间为球面接触；而滑履与斜盘之间又以平面接触，改善了柱塞工作受力状况，并由缸孔中的压力油经柱塞和滑履中间小孔，润滑各相对运动表面，大大降低了相对运动零件的磨损，这样有利于泵在高压下工作。

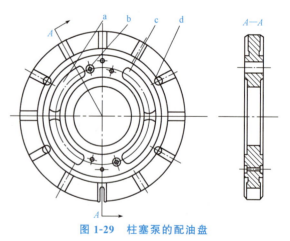

图 1-29　柱塞泵的配油盘

（4）变量机构。在变量轴向柱塞泵中均设有专门的变量机构，用来改变斜盘倾角 γ 的大小以调节泵的排量，轴向柱塞泵的变量方式有手动、伺服、压力补偿等多种形式。

图 1-30 所示为手动变量机构的轴向柱塞泵，变量时，转动手轮 18，使丝杆 17 随之转动，带动变量柱塞 16 沿导向键做轴向移动，通过销轴 13 使支承在变量壳体上的倾斜盘 15 绕钢球的中心转动从而改变了斜盘倾角 γ，也就改变了泵的排量，流量调好后应将锁紧螺母 19 锁紧。

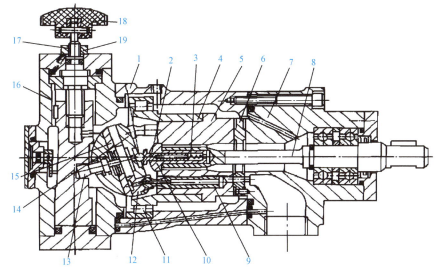

图 1-30　SCY14-1 型轴何柱塞泵

1—泵体；2—内套；3—定心弹簧；4—钢套；5—缸体；6—配油盘；7—前泵体；8—轴；9—柱塞；10—套筒；
11—轴承；12—滑履；13—销轴；14—压盘；15—倾斜盘；16—变量柱塞；17—丝杆；18—手轮；19—锁紧螺母

任务分析

　　前面任务中要求拆装齿轮泵，通过对齿轮泵工作原理及结构的学习，我们知道其包含的主要元件及相应的工作过程，在拆装过程中，要画出装配示意图，列出各元件的装配顺序，装配后要试运行。

　　（1）齿轮泵的密封工作腔由齿轮的齿谷、壳体内表面和两个端盖包围而成。分析其工作腔变化及吸油和压油过程。注意齿轮旋向和油路途径。

　　（2）卸荷槽位于两泵盖内端面中部，呈矩形，为非对称布置式。注意其尺寸与闭死容积变化的关系。

　　（3）该泵采用缩小压油腔的办法来解决不平衡径向力问题，故进口大出口小。

　　（4）指出并分析轴向端面间隙、径向齿顶间隙和啮合间隙的泄漏问题和油液去向。

　　（5）泵体两侧端面上的封油卸压槽将渗入泵体和泵盖间的压力油引入吸油腔，防止压力油泄漏到泵外，并减小压紧螺钉的拉力。

　　（6）泵盖和从动轴上的三个小孔将泄漏到轴承端部的压力油引到吸油腔，防止油液外泄，同时也润滑了轴承。

　　（7）该系列泵为低压泵，泄漏问题影响较小，故没有采取专门措施。因某些局部结构不对称，故不能逆转。

任务实施

　　经过学习前面的内容和任务分析，将齿轮泵装配示意图画入下框，并列出各元件的装配顺序。

任务单		班级		日期	
任务名称	齿轮泵结构拆装分析				
目的	1. 掌握齿轮泵的结构，并能对其结构进行分析； 2. 掌握齿轮泵的工作原理； 3. 能够对齿轮泵进行正确的拆装，并在拆装过程中分析结构和工作过程				
内容	1. 先拆掉前泵盖上的螺钉和定位销，使泵体与前、后泵盖分离； 2. 再拆下主动轴和主动齿轮、从动轴和从动齿轮； 3. 分析液压泵困油现象、径向力不平衡、泄漏是如何解决的； 4. 分辨液压泵进、出油口； 5. 按拆卸的相反顺序装配齿轮泵，即后拆的零件先装配，先拆的零件后装配； 6. 按次序装配各零件。装配要领：装配前要清洗各零件，将轴和泵盖之间、齿轮与泵体之间的配合表面涂润滑液，然后按照拆卸时的相反顺序进行装配				
思考问题	1. 写出齿轮泵的主要组成零件的名称； 2. 分析齿轮泵工作时出油口压力与负载之间的关系； 3. 液压泵吸油口、压油口是否大小一样？为什么？				
考核内容	1. 通过拆装，掌握该型齿轮泵主要零部件构造； 2. 掌握拆装齿轮泵的方法和拆装要点				

任务评价

考核标准					
班级		组名		日期	
考核项目名称					
考核项目	具体说明		分值	教师	学生
结构分析	在装配过程中，能指出各个零件的名称和装配关系		30		

考核项目	具体说明	分值	教师	学生
工作原理	在装配中，能讲解元件的工作过程	30		
工匠精神	操作规范，团队协作，按照7S管理	15		
实际安装顺序	详见任务单	15		
翻译铭牌	能正确翻译元件铭牌的英文参数	10		
成绩评定				

 认识液压辅助元件

任务 1.4

 任务描述

用 FluidSIM 仿真软件搭建补充完成图 1-31 所示蓄能器快速运动回路，并做如下试验：

（1）对系统仿真，按照原理图进行搭接，并记录液压缸的进给速度。

（2）分析该回路为什么会使液压缸的速度加快。

任务目标

1. 掌握各种液压辅助元件的结构类型与特点。

2. 掌握各种液压辅助元件的工作原理及应用。

3. 能够根据要求选择液压辅助元件。

4. 能够在团队协作过程中正确、安全、规范地完成回路设计与安装。

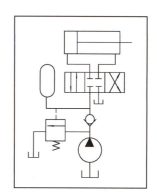

图 1-31　蓄能器快速运动回路

1.4.1　油箱

1. 油箱的作用

油箱的作用是储存油液，使渗入油液中的空气逸出，沉淀油液中的污物和散热。

油箱分总体式和分离式两种。总体式油箱是利用机床床身内腔作为油箱，其结构紧凑，各处漏油易于回收，但增加了床身结构的复杂性，因而维修不便，散热性能不好，同时还会使邻近的机件产生热变形。分离式油箱是采用

微课：油箱的结构

一个与机床床身分开的单独的油箱，它可以减小温升和液压泵驱动电动机的振动对机床工作精度的影响，精密机床一般采用这种形式。

2. 油箱的结构

图 1-32 所示是一个分离式油箱的结构：箱体内装有隔板 7、9，将液压泵吸油管 1、回油管 4 分隔开；油箱的一个侧盖上装有油位计 6，油箱顶部装有空气滤清器 2，底部装有排放污油的放油阀 8，安装液压泵和电动机的安装板固定在油箱的顶面上。

为了保证油箱的功用，在结构上应注意以下几个方面：

（1）油箱要有足够的强度和刚度。油箱一般用 2.5～4 mm 厚的钢板焊接而成，尺寸大者要加焊加强筋。箱盖若安装液压站，则更应加厚及局部加强。

（2）防污密封。为防止油液污染，盖板及窗口各连接处均需加密封垫，各油管通过的孔都要加密封圈，注油器上要加滤油网。

（3）吸油管与回油管设置。吸油管、回油管距离应尽量远一些，管口应插入最低油面以下。回油管切 45°斜口并应面向箱壁。

（4）油温控制。油箱正常工作温度应为 15 ℃～65 ℃。必要时应设温度计和热交换器。

（5）油箱内壁的加工。新油箱内壁要经喷丸、酸洗和表面清洗，然后可以涂一层与工作液相溶的塑料薄膜或耐油清漆。

（6）对功率较大且连续工作的液压系统，应进行热平衡计算，然后确定油箱的有效容积。

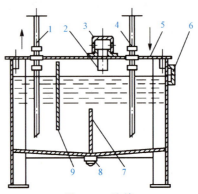

图 1-32　油箱
1—吸油管；2—空气滤清器；3—盖；4—回油管；5—上盖；
6—油位计；7、9—隔板；8—放油阀

3. 油箱的容量

油箱的容量必须保证液压设备停止工作时，系统中的全部油液流回油箱时不会溢出，而且还有一定的预备空间，即油箱液面不超过油箱高度的 80%。液压设备管路系统内充满油液工作时，油箱内应有足够的油量，使油面不致太低，以防止液压泵吸油管处的过滤器吸入空气。

油箱的有效容量，即油面高度为油箱高度 80% 时的容积，一般情况下为液压泵额定流量的 2～6 倍。随着系统压力的升高，油箱的容积也适当增大。对功率较大且连续工作的液压系统，必要时还要进行热平衡计算，以此确定油箱容量。

1.4.2　蓄能器

1. 蓄能器的功用

蓄能器是用来储存和释放液体压力能的装置，其主要功用如下：

微课：蓄能器

（1）做辅助动力源。在液压系统工作循环中不同阶段需要的流量变化很大时，常采用蓄能器和一个流量较小的泵组成油源。当系统需要的流量不大时，蓄能器将液压泵多余的流量储存起来；当系统短时期需要较大流量时，蓄能器将储存的压力油释放出来与泵一起向系统供油。另外，蓄能器可作为应急能源紧急使用，避免在突然停电或驱动泵的电动机发生故障时油液供应中断。

（2）保压和补充泄漏。有的液压系统需要较长时间保压而液压泵卸荷，此时可利用蓄能器释放所储存的压力油，补偿系统的泄漏，维持系统的压力。

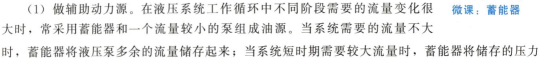

（3）吸收压力冲击和消除压力脉动。由于液压阀突然关闭或换向，系统可能产生液压冲击，此时可在产生液压冲击源附近处安装蓄能器吸收这种冲击，使压力冲击峰值降低。

2. 蓄能器的类型和结构

蓄能器的类型主要有重锤式、弹簧式和气体式三类。常用的是气体式，它是利用密封气体的压缩、膨胀来储存和释放能量的，所充气体一般采用惰性气体或氮气。气体式又分为气瓶式、活塞式和气囊式三种。下面主要介绍常用的活塞式和气囊式两种蓄能器。

（1）活塞式蓄能器。图1-33（a）所示为活塞式蓄能器。它利用在缸中浮动的活塞使气体与油液隔开，气体经充气阀进入上腔，活塞的凹部面向充气，以增加气塞的容积，下腔油口 a 充压力油。该蓄能器结构较简单，安装与维修方便，但活塞惯性和摩擦阻力会影响蓄能器动作的灵敏性，而且活塞不能完全防止气体渗入油液，故这种蓄能器的性能并不十分理想。其适用于压力低于 20 MPa 的系统储能或吸收压力脉动。

（2）气囊式蓄能器。图1-33（b）所示为气囊式蓄能器。壳体4内有一个用耐油橡胶做原料与充气阀3一起压制而成的气囊5。充气阀只有在为气囊充气时才打开，平时关闭。壳体下部装有限位阀6，在工作状态下，压力油经限位阀进出，当油液排空时，限位阀可以防止气囊被挤出。这种蓄能器的特点是气囊惯性小，反应灵敏，结构尺寸小，质量轻，安装方便，维护容易，适用温度范围为−20 ℃～70 ℃。气囊有折合型和波纹型两种，前者容量较大，可用来储蓄能量，后者则用于吸收冲击，工作压力可达 32 MPa。

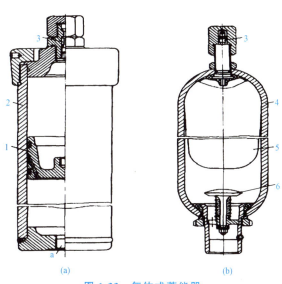

（a）　　　　　　　　（b）

图 1-33　气体式蓄能器

（a）活塞式蓄能器；（b）气囊式蓄能器

1—活塞；2—缸筒；3—充气阀；4—壳体；5—气囊；6—限位阀

3. 蓄能器的使用和安装

蓄能器在液压回路中的安放位置随其功用的不同而异。在安装蓄能器时应注意以下几点：

（1）气囊式蓄能器原则上应垂直安装（油口向下），只有在空间位置受到限制时才考虑倾斜或水平安装。

（2）吸收冲击压力和脉动压力的蓄能器应尽可能安装在振源附近。

（3）装在管道上的蓄能器，要承受一个相当于其入口面积与油液压力乘积的力，因而必须用支持板或支持架固定。

（4）蓄能器与管道系统之间应安装截止阀，供充气、检修时使用。蓄能器与液压泵之间应安装单向阀，以防止停泵时压力油倒流。

1.4.3 滤油器

1. 滤油器的功用

保持液压油清洁是液压系统正常工作的必要条件。当液压油中存在杂质时，这些杂质轻则加速元件的磨损、擦伤密封件，影响元件及系统的性能和使用寿命，重则堵塞节流孔，卡住阀类元件，使元件动作失灵以致损坏。据统计，在液压系统的故障中，有 70% 以上是由液压油被污染而造成的。系统滤油器的作用就在于不断净化油液，使其污染程度控制在允许范围内。

2. 滤油器的主要性能指标

（1）过滤精度。过滤精度是指被滤油器阻挡的最小杂质颗粒的尺寸。若以直径 d 表示，则可分为四级：粗（$d \geq 0.1$ mm）、普通（$d \geq 0.01$ mm）、精（$d \geq 0.005$ mm）、特精（$d \geq 0.001$ mm）。工作压力越高，在液压元件中相对运动零件间的间隙越小，要求过滤精度越高。一般要求颗粒直径 d 小于间隙值的一半。如在伺服系统中，因伺服阀阀芯与阀套的间隙仅为 $0.002 \sim 0.004$ mm，所以，应选用特精级滤油器，高压系统用精密级滤油器过滤，中、低压系统则用普通级滤油器过滤。

（2）通油能力。通油能力是指在一定压差下通过滤油器的最大流量，也可用滤芯的有效过滤面积表示。

（3）滤芯应有足够的机械强度。

（4）滤芯耐腐蚀性好。

（5）便于清洗、更换、成本低。

3. 滤油器类型和结构

滤油器主要有机械式滤油器和磁性滤油器两大类。其中，机械式滤油器又分为网式、线隙式、纸芯式、烧结式等多种类型；按其连接形式不同又可分为管式、板式和法兰式三种。

（1）网式滤油器（图1-34）。网式滤油器由筒形骨架上包一层或两层铜丝网组成。其过滤精度与网孔大小及网的层数有关，过滤精度有 80 μm、100 μm、180 μm 三个等级。其特点是结构简单、通油能力强、清洗方便，但过滤精度较低。

（2）线隙式滤油器（图1-35）。线隙式滤油器的滤芯由铜线或铝线绕成，依靠线间缝隙过滤。它分为吸油管用和压油管用两种，前者的过滤精度为 $0.05 \sim 0.1$ mm，通过额定流量时压力损失小于 0.02 MPa；后者的过滤精度为 $0.03 \sim 0.08$ mm，压力损失小于 0.06 MPa。其特点是结构简单，通油能力强，过滤精度比网式的高，但不易清洗，滤芯强度较低。这种滤油器多用于中、低压系统。

图 1-34 网式滤油器
1、4—端盖；2—骨架；3—滤网

（3）纸芯式滤油器（图1-36）。纸芯式滤油器的滤芯由 $0.35 \sim 0.7$ mm 厚的平纹或波纹酚醛树脂或木浆的微孔滤纸组成。滤纸制成折叠式，以增大过滤面积。滤纸1用骨架2支撑，以增大滤芯强度。其特点是过滤精度高（$0.005 \sim 0.03$ mm）、压力损失小（0.04 MPa）、质量轻、成本低，但不能清洗，需要定期更换滤芯。

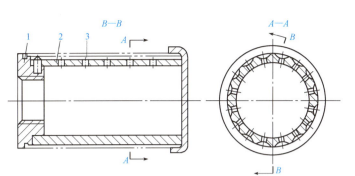

图 1-35　线隙式滤油器

1—端盖；2—骨架；3—线圈

（4）烧结式滤油器（图 1-37）。烧结式滤油器，滤芯 3 由颗粒状金属（青铜、碳钢、镍铬钢等）烧结而成。它通过颗粒间的微孔进行过滤。粉末粒度越细、间隙越小，过滤精度越高。其特点是过滤精度高、耐腐蚀、滤芯强度大，能在较高油温下工作，但易堵塞、难清洗、颗粒易脱落。

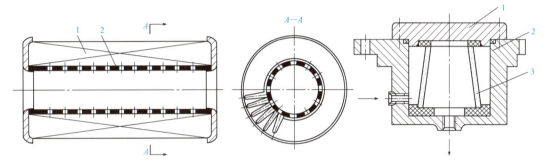

图 1-36　纸芯式滤油器

1—滤纸；2—骨架

图 1-37　烧结式滤油器

1—端盖；2—壳体；3—滤芯

（5）磁性滤油器。磁性滤油器的工作原理是利用磁铁吸附油液中的铁质微粒。它常与其他形式滤芯一起制成复合式滤油器，对加工金属的机床液压系统特别适用。

4. 滤油器的选用与安装

（1）选用滤油器时，应考虑以下几点：

1）具有足够强的通油能力，压力损失小。

2）过滤精度满足使用要求。

3）滤芯具有足够的强度，不因压力作用而损坏。

4）滤芯耐腐蚀性好，能在规定温度下持久地工作。

5）滤芯的清洗和维护要方便。

微课：过滤器
的作用及安装

因此，滤油器应根据液压系统的技术要求，按过滤精度、通油能力、工作压力、油液黏度和工作温度等条件，查手册确定其型号。

（2）滤油器在液压系统中的安装位置，通常有以下几种：

1）安装在液压泵的吸油路上。这种安装方式要求滤油器有较强的通油能力和较小的阻力（阻力不超过 0.02 MPa），否则将造成液压泵吸油不畅或空穴现象。该安装方式一般采用过滤精度较低的网式滤油器。这种安装方式的作用主要是保护液压泵。

2）安装在压油路上。这种安装方式可以保护除泵以外的其他液压元件。由于滤油器在高压下工作，壳体应能承受系统的工作压力和冲击压力。过滤阻力不应超过 3.5×10^5 Pa，以减少因过滤所引起的压力损失和滤芯所承受的液压力。为了防止滤油器堵塞时引起液压泵过载或使液芯裂损，可在压力油路上设置一旁路阀与滤油器并联，或在滤油器上设置堵塞指示装置。

3）安装在回油路上。由于回油路上压力较低，这种安装方式可采用强度和刚度较低的滤油器。这种方式能经常地清除油液中的杂质，从而间接地保护系统。其可并联一单向阀作为安全阀，以防堵塞引起系统压力提高。

4）单独过滤系统。在大型液压系统中，可专门设置由液压泵和滤油器组成的独立过滤系统，专门滤去油箱中的污物，通过不断循环，提高油液的清洁度。专用过滤车也是一种独立的过滤系统。

1.4.4　油管与管接头

1. 油管

液压系统中使用的油管有钢管、铜管、尼龙管、塑料管、橡胶软管等多种类型，应根据液压元件的安装位置、使用环境和工作压力等进行选择。

微课：元件管件

油管的种类、特点及适用范围见表1-3。

表 1-3　油管的种类、特点及适用范围

种类		特点和适用范围
硬管	钢管	能承受高压（25～32 MPa）、价格低、耐油、耐腐蚀、刚性好，但装配时不能任意弯曲，因而多用于中、高压系统的压力管道。一般中、高压系统用10号、15号冷拔无缝钢管，低压系统可用焊接钢管
	铜管	装配时易弯曲成各种形状，但承压能力较低（一般不超过10 MPa）。铜是贵重材料，抗振能力较差，又易使油液氧化，应尽量少用。紫铜管一般只用在液压装置内部配接不便之处。黄铜管可承受较高的压力（25 MPa），但不如紫铜管容易弯曲成形
软管	尼龙管	新型的乳白色半透明管，承压能力因材料而异，2.5～8 MPa不等，目前大多在低压管道中使用。将尼龙管加热到140 ℃左右后可随意弯曲和扩口，然后浸入冷水冷却定形。因而，它有着广泛的使用前途
	塑料管	价格低、装配方便，但承压能力差，只适用于工作压力小于0.5 MPa的管道，如回油路、泄油路等处。塑料管长期使用后会变质老化
	橡胶软管	用于两个相对运动件之间的连接，分为高压和低压两种。高压橡胶软管由夹有几层钢丝编织的耐油橡胶制成，钢丝层数越多、耐压越高。低压橡胶软管由夹有帆布的耐油橡胶或聚氯乙烯制成，多用于低压回油管道

2. 管接头

管接头是管道和管道、管道和其他元件（如泵、阀、阀块等）之间的可拆卸连接件。管接头与其他元件之间可采用普通细牙螺纹连接或米制锥螺纹连接。常用的管接头如下：

（1）焊接式管接头（图1-38）。螺母3套在接管2上，在油管端部焊上接管2，旋转螺母3将接管与接头体1连接在一起。在图1-38（a）中接管与接头体结合处采用球面密封；在图1-38（b）中接管与接头体结合处采用O形密封圈密封。前者有自位性，安装时不很严格，但密封可靠性较差，适用于工作压力在8 MPa以下系统；后者相反，可用于31.5 MPa系统。

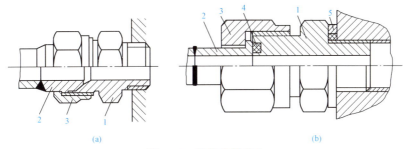

图 1-38　焊接式管接头

(a) 球面密封式；(b) O 形圈密封式

1—接头体；2—接管；3—螺母；4—O 形密封圈；5—组合密封圈

（2）卡套式管接头 ［图 1-39（a）］。这种管接头利用卡套 2 卡住油管 1 进行密封，轴向尺寸要求不严，装拆简便，不必事先焊接或扩口，但对油管的径向尺寸精度要求较高，一般用精度较高的冷拔钢管做油管。

（3）扩口式管接头 ［图 1-39（b）］。这种管接头适用于铜管和薄壁钢管，也可以用来连接尼龙管和塑料管。这种管接头利用油管 1 管端的扩口在管套 3 的紧压下进行密封。其结构简单，适用于低压系统。

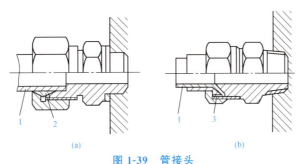

图 1-39　管接头

(a) 卡套式管接头；(b) 扩口式管接头

1—油管；2—卡套；3—管套

图 1-38 和图 1-39 所示皆为直通管接头。另外，还有二通、三通、四通、铰接等多种形式，供不同情况下选用，具体可查阅有关手册。

（4）橡胶软管接头。橡胶软管接头有可拆式和扣压式两种，各有 A、B、C 三种形式分别与焊接式、卡套式和扩口式管接头连接使用。图 1-40 所示为扣压式橡胶软管接头，装配时剥去胶管一段外层胶，将外套套装在胶管上再将接头体拧入，然后在专门设备上挤压收缩，使外套变形后紧紧地与橡胶管和接头连成一体。随管径不同该管接头可用于工作压力为 6～40 MPa 的系统。

（5）快速管接头。图 1-41 所示为一种快速管接头。它能快速装拆，无须工具，适用于经常接通或断开处。图示是油路接通的工作位置。当需要断开油路时，可用力将外套 6 向左移，钢球 8（有 6～12 颗）从槽中滑出，拉出接头体 10，同时单向阀阀芯 4 和 11 分别在弹簧 3 和 12 作用下封闭阀口，油路断开。此种管接头结构复杂，压力损失较大。

1.4.5　液压油

液压油是液压传动的工作介质，同时具有润滑、防腐、防锈及冷却作用。液压油质量的优劣直接影响液压系统的工作性能和工作时的可靠性。其对于正确理解液压传动的原理和液压传动系统分析、设计、使用和维护是十分重要的。

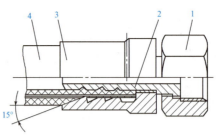

图 1-40　扣压式橡胶软管接头
1—接头螺母；2—接头体；3—外套；4—胶管

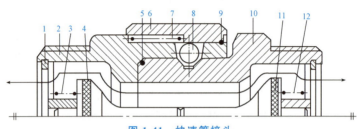

图 1-41　快速管接头
1—挡圈；2、10—接头体；3、7、12—弹簧；4、11—单向阀阀芯；
5—O 形密封圈；6—外套；8—钢球；9—弹簧圈

微课：液压介质

1.4.5.1　液压传动工作介质的性质

1. 密度

单位体积液体的质量称为液体的密度。体积为 V、质量为 m 的液体的密度为

$$\rho = m/V \tag{1-9}$$

矿物油型液压油的密度随温度的上升而有所减小，随压力的提高而稍有增大，但变动值很小，可以认为是常值。我国采用 20 ℃时的密度作为油液的标准密度，以 ρ_{20} 表示。

2. 可压缩性

液体受压力作用而发生体积变化的特性，被称为液体的可压缩性。如压力为 p_0、体积为 V_0 的液体，当压力增大 Δp 时，体积减小 ΔV，则此液体的可压缩性可用体积压缩系数 β，即单位压力变化下的体积相对变化量来表示：

$$\beta = -\frac{1}{\Delta p} \times \frac{\Delta V}{V_0} \tag{1-10}$$

由于压力增大时液体的体积减小，因此，式（1-10）右边须加一负号，以使其成为正值。液体体积压缩系数的倒数，称为体积弹性模量 K，简称体积模量，即 $K = 1/\beta$。

封闭在容器内的液体在外力作用下的情况就如一弹簧：外力增大，体积减小；外力减小，体积增大。但是在液压系统正常使用压力范围内，液体的可压缩性很小。所以，一般认为液体是不可压缩的。在有动态特性要求或压力变化很大的高压系统及需要精密控制的系统中，必须考虑液体的可压缩性对系统工作的影响。

3. 黏性

在外力作用下，液体内某一部分与其相邻部分之间发生相对运动时，沿其界面产生内摩擦力的性质称为黏性（可理解为液体流动时其内部产生摩擦力的性质）。它是油液的重要物理性质，

是选择油液的重要依据。液体只有在流动时才呈现黏性，静止液体不呈现黏性。

黏度是油液对流动的阻力的度量，即表示黏性大小的物理量。黏度一般分为下列三种：

（1）动力黏度。动力黏度又称为绝对黏度或黏性动力系数。它的物理意义：面积各为 1 cm² 并相距 1 cm 的两层液体，当其中一层液体以 1 cm/s 的速度与另一层液体做相对运动时所产生的内摩擦力。

动力黏度是各种黏度表示法的基础，用字母 μ 表示。动力黏度的单位如下：

SI 制中为 N·s/m²，称为帕·秒，用 Pa·s 表示。

CGS 制中为 dgn·s/cm，称为泊（P），通常用厘泊（cP）表示。

各单位间的换算关系为 1 Pa·s = 10 P = 10^3 cP。

（2）运动黏度。运动黏度又称为黏性运动系数。它是液体在同一温度下的动力黏度与该液体的密度的比值。运动黏度用字母 v 表示，即

$$v = \frac{\mu}{\rho} \qquad (1-11)$$

运动黏度的单位如下：

SI 制中为 m²/s。

CGS 制中为 cm²/s，称为"斯"，用 st 表示。工程中常用厘斯（cst）表示。

各单位间的换算关系为 1 m²/s = 10^4 st = 10^6 cst。

运动黏度没有明确的物理意义，它是一个在液压分析和计算中经常遇到的物理量。因为在其单位中只有长度和时间的量纲，所以称为运动黏度。

（3）条件黏度。条件黏度又称为相对黏度。它是用各种黏度计测得的黏度。根据测量仪器和条件的不同，它可分为很多种类。如恩氏黏度（°E）、赛氏黏度（SUS 或 SFS）、雷氏黏度（R₁S 或 R₂S）、巴氏黏度（°B）等。我国采用的恩氏黏度是相对于蒸馏水的黏度大小来表示该液体黏度的，用恩氏黏度计测量。

恩氏黏度与运动黏度之间的换算关系为

$$v = \left(7.31°E - \frac{6.31}{°E}\right) \times 10^{-6} \ cm^2/s \qquad (1-12)$$

目前，我国主要采用 ISO 规定统一使用的运动黏度。

通过试验看出，当外界条件变化时，油液的黏度也随之发生变化。影响黏度的主要因素如下：

（1）温度：油液的温度升高时，黏度明显下降，这一性质称为黏温特性（国产常用液压油的黏温特性可以从有关手册中的黏温图中查得）。

（2）压力：油液所受压力增大时，黏度会随着增大。但在中、低压时，压力对黏度的影响很小，只有在压力大于 50 MPa 时，其影响趋向显著，压力高到 70 MPa 以上时，其黏度比常压下增大 4～10 倍。

液压传动工作介质还有其他一些性质，如稳定性（热稳定性、氧化稳定性、水解稳定性、剪切稳定性等）、抗泡沫性、抗乳化性、防锈性、润滑性及相容性（对所接触的金属、密封材料、涂料等的作用程度）、导热性等，都对它的选择和使用有重要影响，这些性质需要在精炼的矿物油中加入各种添加剂来获得，其含义较为明显。

1.4.5.2 对液压传动工作介质的要求

不同的工作机械、不同的使用情况对液压传动工作介质的要求有很大的不同；为了更好地传递运动和动力，液压传动工作介质应具备如下性能：

（1）合适的黏度，较好的黏温特性。黏度随温度变化越小越好。

（2）润滑性能好。即油液润滑时产生的油膜强度高，以免产生干摩擦。

（3）质地纯净，杂质少。不应含有杂质，以免刮伤表面。

（4）对金属和密封件有良好的相容性。不应含有腐蚀性物质，以免侵蚀机件和密封元件。

（5）对热、氧化、水解和剪切都有良好的稳定性。防止油液氧化后变酸性腐蚀金属表面。

（6）抗泡沫性好，抗乳化性好，腐蚀性小，防锈性好。

（7）体积膨胀系数小，比热容大。

（8）流动点和凝固点低，闪点（明火能使油面上油蒸气闪燃，但油本身不燃烧时的温度）和燃点高。

（9）对人体无害，成本低。对轧钢机、压铸机、挤压机和飞机等液压系统则须突出耐高温、热稳定、不腐蚀、无毒、不挥发、防火等要求。

1.4.5.3　液压传动工作介质的分类和选择

1. 分类

液压系统工作介质的品种以其代号和后面的数字组成，代号 L 是石油产品的总分类号，H 表示液压系统用的工作介质，数字表示该工作介质的黏度等级。

2. 工作介质的选用原则

选择液压系统的工作介质时一般需考虑以下几点：

（1）液压系统的工作条件；

（2）液压系统的工作环境；

（3）综合经济分析。

1.4.5.4　液压系统的污染

1. 工作介质污染的原因

工作介质的污染是液压系统发生故障的主要原因。它严重影响液压系统的可靠性及液压元件的寿命，因此，工作介质的正确使用、管理及污染控制，是提高液压系统的可靠性及延长液压元件使用寿命的重要手段。

（1）污染的根源。进入工作介质的固体污染物有四个根源：已被污染的新油、残留污染、侵入污染和内部生成污染。

（2）污染的危害。液压系统的故障 75％以上是由工作介质污染物造成的。

（3）污染的测定。污染度测定方法有测重法和颗粒计数法两种。

（4）污染度的等级。参照我国制定的国家标准《液压传动 油液固体颗粒污染等级代号》（GB/T 14039—2002）和目前仍被采用的美国 NAS 1638 油液污染度等级。

2. 工作介质污染的控制措施

工作介质污染的原因很复杂，其自身又在不断产生污染物，因此，要想彻底解决工作介质的污染问题是很困难的。为了延长液压元件的寿命，保证液压系统可靠地工作，将工作介质的污染度控制在某一限度内是较为切实可行的办法。为了减少工作介质的污染，应采取以下措施：

（1）对元件和系统进行清洗，才能正式运转。

（2）防止污染物从外界侵入。

（3）在液压系统合适部位设置合适的滤油器。

（4）控制工作介质的温度，工作介质温度过高会加速其氧化变质，产生各种生成物，缩短它的使用期限。

（5）定期检查和更换工作介质，定期对液压系统的工作介质进行抽样检查，分析其污染度，如已不符合要求，必须立即更换。更换新的工作介质前，必须对整个液压系统彻底清洗一遍。

1.4.6 其他辅助装置

1.4.6.1 热交换器

油液的工作温度一般保持在 30 ℃ ～50 ℃时比较理想，最高不超过 70 ℃，最低不应低于 15 ℃。如果油液温度过高，则油液黏度降低，增加泄漏，而且能够加速油液变质。当油液依靠油箱冷却后，而油温仍超过 70 ℃时，就必须采用冷却器。相反，如果油温过低，则油液黏度过大，会造成设备启动困难，压力损失增加并导致振动加剧等不良后果，这时就需要设置加热器来提高油液温度。

1. 冷却器

常用的冷却器有水冷式、冷冻式和风冷式。风冷式冷却器常用在行走设备上；冷冻式冷却器需要制冷设备，常用在精密机床等设备上；水冷式冷却器是一般液压系统常用的冷却方式。液压系统中的冷却器，最简单的是蛇形冷却器（图 1-42），可直接装在油箱内，冷却水从蛇形管内部通过，带走油液中的热量。这种冷却器结构简单，但冷却效率低，耗水量大。

微课：热交换器

还有一种是翅片管式冷却器（图 1-43），水管外面增加了许多横向或纵向的散热翅片，大大增加了散热面积，从而提高了热交换效果。

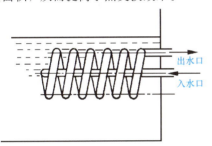

图 1-42　蛇形冷却器

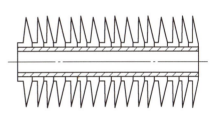

图 1-43　翅片管式冷却器

2. 加热器

液压系统常用的加热器为电加热器，使用时，可以直接将其装入油箱底部，并与箱底保持一定的距离，安装方向一般为横向。由于直接与加热器接触的油液温度可能很高，会加速油液老化，所以，电加热器应慎用。

1.4.6.2 压力表及附件

1. 压力表

液压系统的各工作点的压力可通过压力表观测，以便调整和控制液压系统及各工作点的压力，最常用的是弹簧弯管式压力表，如图 1-44 所示，压力油进入弹簧弯管使管端产生变形，通过杠杆使扇形齿轮与小齿轮啮合，小齿轮带动指针旋转，从刻度盘上读出压力值。压力表的精度等级以误差占量程的百分数表示。选用压力表时，系统最高压力约为量程的 3/4 比较合理，为防止压力冲击损坏压力表，常在通至压力表的通道上设置阻尼器。

2. 压力表开关

压力油路与压力表之间往往装有一个压力表开关。它实际上是一个小型截止阀，用于切断与接通压力表和油路的通道。压力表开关有一点、三点、六点等。多点压力表开关可与几个被测油路相同，用一个压力表可检测多点压力。

任务分析

用 FluidSIM 仿真软件搭建完快速运动回路，用于液压缸的间歇式工作。当液压缸不动时，换向阀将液压泵与液压缸隔开，液压泵的油液经单向阀向蓄能器充油。当需要液压缸动作时，蓄能器和泵一起给液压缸供油。

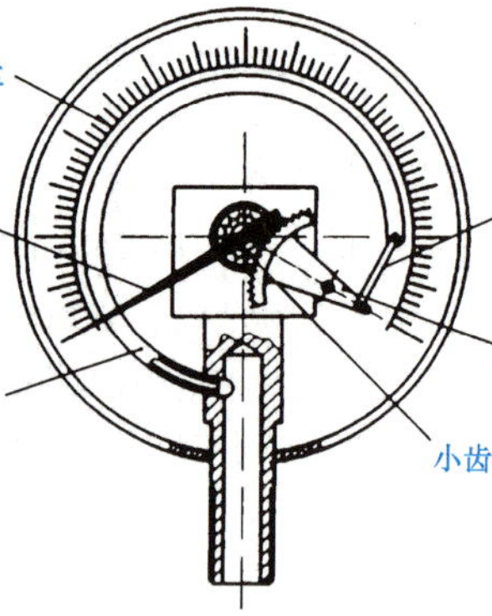

任务实施

通过学习前面的内容和任务分析，连接管路，记录液压缸的进给速度，并标注出元件的名称。

（1）将上面的换向回路利用 FluidSIM 仿真软件进行仿真，验证设计的正确性。

（2）在液压实训台上搭接回路并运行。

图 1-44　弹射弯管式压力表

任务评价

考核标准					
班级		组名		日期	
考核项目名称					
考核项目	具体说明		分值	教师	组	自评
讲解系统组成工作原理	系统组成，内容完整，讲解正确	10			
	工作原理、工作过程完整，原理表述正确	10			
回路设计	能正确使用仿真软件绘制回路	10			
	能利用软件实现液压回路仿真	10			
回路安装、调试	能按照设计图正确安装液压回路	10			
	操作步骤及要求表述正确	10			
	操作步骤正确，调节控制合理	10			
	故障诊断现象分析正确	10			
	排除方法正确，操作合理	5			
	操作规范，团队协作，按照 7S 管理	5			
元件的英文名称	表述正确	10			
成绩评定	教师 70%＋其他组 20%＋自评 10%				

项目分析

通过本项目的学习，我们认识了液压泵站，知道了液压泵的组成，能够对液压泵进行拆装维护；了解了液压泵的整体运行过程。现在我们要对液压泵进行日常维护，要知道液压泵站的使用注意事项、常见故障，以及解决这些故障的方法。

项目实施

1. 液压泵站使用注意事项

（1）液压油分为 HM46 抗磨液压油和 HM32 抗磨液压油。建议用户夏季选用 HM46 抗磨液压油，冬季选用 HM32 抗磨液压油。

（2）每 3～5 个工作日应观察一次液压油的油位，若低于油位计 2/3，应向油箱内加入 HM32（或 HM46）抗磨液压油。

（3）高压系统压力调节为 1～10 MPa，低压系统压力调节为 1～2.5 MPa，禁止用户随意调节系统压力。

（4）液压泵不能出现反转现象。如电动机启动，泵正常运转而系统无压力应立即停止电动机供电，查明原因，修理后方可通电。

（5）液压泵站应防止油滴渗漏，每 1 周必须检查一次。

（6）出现故障时，请勿自拆液压泵、电动机及阀块组合，必须由专业人士进行修理，才能保证质量。

（7）若液压泵站长期不使用，请保持液压泵站无尘土落入，以及切断动力电源。

（8）如遇到紧急情况，要及时按下液压泵站电气控制箱上的红色急停按钮。

2. 常见故障及其解决方法

（1）液压泵站产生了异常的噪声，分析产生故障的原因是什么？应如何解决？

（2）液压泵站工作压力一直上不去，分析产生故障的原因是什么？应如何解决？

项目评价

考核标准						
班级		组名		日期		
考核项目名称						
考核项目	具体说明		分值	教师	组	自评
讲解液压泵的组成及工作原理	系统组成，内容完整，讲解正确		10			
	工作原理、工作过程完整，原理表述正确		10			

考核项目	具体说明	分值	教师	组	自评
使用注意事项	能够完整描述液压泵的使用注意事项	10			
	在使用过程中应按照液压泵操作要求进行	10			
	操作步骤及要求表述正确	10			
	操作步骤正确,调节控制合理	10			
	故障诊断现象分析正确	10			
	排除方法正确,操作合理	10			
	操作规范,团队协作,按照7S管理	10			
元件的英文名称	表述正确	10			
成绩评定	教师70%＋其他组20%＋自评10%				

拓展知识

知识点1　中国造8万吨模锻液压机

中国第二重型机械集团成功建成世界最大模锻液压机,这台8万吨级模锻液压机,地上高27 m、地下15 m,总高42 m,设备总质量为2.2万吨,是我国国产大飞机C919试飞成功的重要功臣之一。巨型模锻液压机是象征重工业实力的国宝级战略装备,是衡量一个国家工业实力和军工能力的重要标志,世界上能研制的国家屈指可数。目前,世界上拥有4万吨级以上模锻液压机的国家只有中国、美国、俄罗斯和法国。中国的这台8万吨级模锻液压机,一举打破了苏联保持了51年的世界纪录,这也标志着中国关键大型锻件受制于外国的时代彻底结束(图1-45)。

图1-45　8万吨模锻液压机

更令人震惊的是,清华大学已经研发出16万吨模锻液压机,只因目前我国制造业尚不需要如此大的模锻液压机,一旦国家需要,即可出图制造。16万吨模锻液压机是俄罗斯7.5万吨的2倍多,是美国4.5万吨的3.5倍多。

知识点2　液压泵的选用

在设计液压系统时，应根据设备的工作情况和系统要求的压力、流量、工作性能合理地选择液压泵。表1-4列出了液压系统中常用液压泵的一般性能比较及应用情况。

表1-4　各类液压泵的性能比较及应用

项目	类型					
	齿轮泵	双作用式叶片泵	限压式变量叶片泵	轴向柱塞泵	径向柱塞泵	螺杆泵
工作压力/MPa	<20	6.3~21	≤7	20~35	10~20	<10
转速范围/(r·min⁻¹)	300~7 000	500~4 000	500~2 000	600~6 000	700~1 800	1 000~18 000
容积效率	0.70~0.95	0.80~0.95	0.80~0.90	0.90~0.98	0.75~0.92	0.70~0.85
总效率	0.60~0.85	0.75~0.85	0.70~0.85	0.85~0.95	0.75~0.92	0.70~0.85
功率重量比	中等	中等	小	大	小	中等
流量脉动率	大	小	中等	中等	中等	很小
自吸特性	好	较差	较差	较差	差	好
对油的污染敏感性	不敏感	敏感	敏感	敏感	敏感	不敏感
噪声	大	小	较大	大	大	很小
寿命	较短	较长	较短	长	长	很长
单位功率造价	最低	中等	较高	高	高	较高
应用范围	机床、工程机械、农机、航空、船舶、一般机械	机床、注塑机、液压机、起重运输机械；工程机械、飞机	机床、注塑机	工程机械、锻压机械、起重运输机械、矿山机械、冶金机械、船舶、飞机	机床、液压机、船舶机械	精密机床、精密机械、食品、化工、石油、纺织等机械

一般在负载小、功率小的液压设备中，可选用齿轮泵、双作用式叶片泵；精度较高的机械设备（磨床），可选用双作用式叶片泵、螺杆泵；在负载较大并有快速和慢速工作行程的机械设备（组合机床）中，可选用限压式变量叶片泵和双联叶片泵；在负载大、功率大的设备（刨床、拉床、压力机）中可选用柱塞泵；机械设备的辅助装置，可选用价格低的齿轮泵。

知识点3　液压泵常见故障及其排除方法

1. 齿轮泵的常见故障及其排除方法

齿轮泵常见的故障有容积效率低、压力无法提高、噪声大、堵头或密封圈被冲出等。产生这些故障的原因及排除方法见表1-5。

表 1-5　齿轮泵的常见故障及排除方法

故障现象	产生原因	排除方法
噪声大	1. 吸油管接头、泵体与盖板接合面、堵头和密封圈等处密封不良,有空气被吸入; 2. 齿轮齿形精度过低; 3. 端面间隙过小; 4. 齿轮内孔与端面不垂直、盖板上两孔轴线不平行、泵体两端面不平行等; 5. 两盖板端面修磨后,两困油卸荷槽距离增大,产生困油现象; 6. 装配不良,如主动轴转 1 周出现时轻时重的现象; 7. 滚针轴承等零件损坏; 8. 泵轴与电动机轴不同轴; 9. 出现空穴现象	1. 用涂脂法查出泄漏处。更换密封圈;用环氧树脂胶粘剂涂敷堵头配合面再压进;用密封胶涂敷管接头并拧紧;修磨泵体与盖板接合面保证平面度不超过 0.005 mm; 2. 配研或更换齿轮; 3. 配磨齿轮、泵体和盖板端面,保证端面间隙; 4. 拆检,修磨或更换有关零件; 5. 修整困油卸荷槽,保证两槽距离; 6. 拆检,装配调整; 7. 拆检,更换损坏件; 8. 调整联轴器,使同轴度误差小于 Φ0.1 mm; 9. 检查吸油管、油箱、滤油器、油位及油液黏度等,排除空穴现象
容积效率低、压力无法提高	1. 端面间隙和径向间隙过大; 2. 各连接处泄漏; 3. 油液黏度过大或过小; 4. 溢流阀失灵; 5. 电动机转速过低; 6. 出现空穴现象	1. 配磨齿轮、泵体和盖板端面,保证端面间隙;将泵体相对于两盖板向压油腔适当平移,保证吸油腔处径向间隙,再紧固螺钉,试验后,重新配钻、铰销孔,用圆锥销定位; 2. 紧固各连接处; 3. 测定油液黏度,按说明书要求选用油液; 4. 拆检,修理或更换溢流阀; 5. 检查转速,排除故障根源; 6. 检查吸油管、油箱、滤油器、油位等,排除空穴现象
堵头或密封圈被冲出	1. 堵头将泄漏通道堵塞; 2. 密封圈与盖板孔配合过松; 3. 泵体装反; 4. 泄漏通道被堵塞	1. 将堵头取出涂敷环氧树脂胶粘剂后,重新压进; 2. 检查,更换密封圈; 3. 纠正装配方向; 4. 清洗泄漏通道

2. 叶片泵的常见故障及其排除方法

叶片泵的常见故障及其排除方法见表 1-6。

表 1-6　叶片泵的常见故障及排除方法

故障	原因	排除方法
吸不上油	1. 液压泵吸空; 2. 叶片与槽的配合过紧,卡死; 3. 电动机反转	1. 检查管道、滤油器、油箱等是否存在漏气、堵塞等; 2. 检修叶片,修磨叶片或槽,保证叶片移动灵活; 3. 检查电动机转向

故障	原因	排除方法
排量及 压力不足	1. 吸入空气； 2. 滤油器堵塞； 3. 个别叶片移动不灵活； 4. 轴向间隙大； 5. 溢流阀失灵； 6. 系统漏油	1. 检查，排气； 2. 及时清洗； 3. 检修个别叶片，使之灵活运动； 4. 检查间隙并修整； 5. 检查调整； 6. 检查排除
产生噪声	1. 液压泵吸空； 2. 个别叶片在转子内卡住； 3. 滤油器容量小	1. 检查管道、滤油器、油箱等是否存在漏气、堵塞等； 2. 检修个别叶片，使之灵活运动； 3. 增大滤油器容量

项目小结

（1）液压传动系统由动力元件、执行元件、控制元件、辅助元件及工作介质五部分组成。

（2）力的传递是靠压力来实现的，液压系统的压力取决于负载。

（3）构成液压泵基本条件：具有可变的密封容积，协调的配油机构，以及高、低压腔相互隔离的结构。

（4）液压泵和液压马达的主要性能参数有排量、流量、压力、功率和效率。

（5）排量为几何参数，而流量为排量和转速的乘积。

（6）液压油泵在运转中，实际工作压力完全取决于所驱动的负载。其额定工作压力的大小与其密封性、结构、受力情况有关，而其中密封性起着主要的作用。

（7）液压功率为泵的输出流量和工作压力的乘积。

（8）容积效率反映了泄漏的影响，其影响泵的实际流量；机械效率反映了机械摩擦损失，其影响驱动泵所需转矩。所以，泵的总效率为这两个效率的乘积，这和一般机械中仅有机械效率的情况是不同的。

（9）滤油器是液压传动系统最重要的保护元件，通过过滤油液中的杂质来确保液压元件及系统不受污染物的侵袭。从使用场合上可分为高压滤油器和低压滤油器；从过滤精度方面可分为粗滤器和精滤器。

（10）蓄能器在大型及高精度液压系统中占有重要的地位，通常用于吸收脉动、冲击及作为液压系统的辅助油源，在结构上有皮囊式、膜片式、重力式、弹簧式及活塞式。蓄能器在工作时基本上处于动态工况，往往关心的也是其动态特性。

（11）热交换器包括加热器和冷却器，它们的功能是使液压传动工作介质处在设定的温度范围内，提高传动质量。

（12）油箱作为一种非标辅件，根据不同情况进行设计，主要用于传动工作介质的储存、供应、回收、沉淀、散热等。

任务检查与考核

1-1 填空题

1. 一个完整的液压系统由_____、_____、_____、_____、传动工作介质五部分组成。

2. 蓄能器在液压系统中常用在_____、_____、_____情况下。

3. 齿轮泵在结构上主要存在三方面的问题，分别是_____、_____、困油现象。

4. 单作用式叶片泵转子每转1周，完成吸、排油各_____次，同一转速的情况下，改变它的_____可以改变其排量。

1-2 判断题

1. 不考虑泄漏的情况下，根据液压泵的几何尺寸计算而得到的流量称为理论流量。（　　）

2. 液压泵自吸能力的实质是由于泵的吸油腔形成局部真空，油箱中的油在大气压作用下流入油腔。（　　）

3. 为了提高泵的自吸能力，应使泵的吸油口的真空度尽可能大。（　　）

4. 双作用式叶片泵可以做成变量泵。（　　）

5. 齿轮泵的吸油口制造比压油口大，是为了减小径向不平衡力。（　　）

6. 柱塞泵的柱塞为奇数时，其流量脉动率比偶数时要小。（　　）

7. 限压式变量叶片泵主要依靠泵出口压力变化来改变泵的流量。（　　）

8. 齿轮泵、叶片泵和柱塞泵相比较，柱塞泵最高压力最大，齿轮泵容积效率最低，双作用式叶片泵噪声最小。（　　）

9. 如果不考虑液压缸的泄漏，液压缸的运动速度只取决于进入液压缸的流量。（　　）

1-3 选择题

1. CB-B齿轮泵的泄漏有下述三种途径，其中（　　）对容积效率影响最大。

    A. 齿顶圆和泵壳体的径向间隙，0.13～0.16 mm

    B. 齿轮端面与侧盖板之间的轴向间隙，0.03～0.04 mm

    C. 齿面接触处（啮合点）的泄漏

2. 液压泵在连续运转时允许使用的最高工作压力称为（　　）；泵的实际工作压力称为（　　）。

    A. 工作压力　　　　B. 最大压力　　　　C. 额定压力　　　　D. 吸入压力

3. 泵连续运转时按试验标准规定允许的最高压力称为（　　）。

    A. 额定压力　　　　B. 最大压力　　　　C. 工作压力

4. 为了防止产生（　　），液压泵离油箱液面不得太高。

    A. 困油现象　　　B. 液压冲击　　　C. 泄漏　　　D. 气穴现象

5. 单作用式叶片泵的转子每转一转，吸油、压油各（　　）次。

    A. 1　　　　　　B. 2　　　　　　C. 3　　　　　　D. 4

6. 变量轴向柱塞泵排量的改变是通过调整斜盘（　　）的大小来实现的。

    A. 角度　　　　　B. 方向　　　　　C. A和B都不是

7. 液压泵的理论流量（　　）实际流量。

    A. 大于　　　　　B. 小于　　　　　C. 相等

1-4 简答题

1. 液压元件有几大类？各包括哪些元件？

2. 液压技术有哪些应用？

3. 举例说明液压泵的工作原理。如果油箱完全封闭，不与大气压相通，液压泵还能否工作？

4. 什么是液压泵的工作压力、最高压力、额定压力？这三者有何关系？

5. 为什么双作用式叶片泵的叶片数取为偶数，而单作用式叶片泵的叶片数取为奇数？

6. 液压系统中常用的辅助装置有哪些？各起什么作用？

（1）液压传动——hydraulic transmission

（2）液压传动系统的组成——composition of hydraulic transmission system

（3）液压传动的工作原理——operating principle of hydraulic transmission

（4）液压系统——hydraulic system

（5）液压油——hydraulic oil

（6）液压泵——hydraulic pump

（7）工作压力——working pressure

（8）进口压力——inlet pressure

（9）出口压力——outlet pressure

（10）齿轮泵——gear pump

（11）叶片泵——vane pump

（12）可排变量泵——variable displacement pump

（13）轴向活塞泵——axial piston pump

（14）气囊式蓄能器——bladder accumulator

（15）滤油器——filter

（16）弯头——elbow

（17）接头——fitting，connection

（18）柔性软管——flexible hose

（19）快换接头——quick release coupling

（20）储层流体容量——reservoir fluid capacity

（21）焊接式管接头——welded fitting

项目 2　液压执行元件的选用与维护

项目描述

机床厂研究院需设计一款龙门刨床（图 2-1），为此负责液压设计的总工程师安排你完成选择合适执行元件的任务。设计龙门刨床的工作台主运动液压回路，使其实现往复运动，并用 FluidSIM 完成仿真软件搭建，验证设计是否正确。

图 2-1　龙门刨床

项目目标

知识目标	能力目标	素质目标
1. 了解液压缸的分类； 2. 掌握液压缸的工作原理； 3. 掌握液压缸的组成结构； 4. 了解液压泵与液压马达的区别； 5. 掌握液压马达的分类和图形符号； 6. 掌握液压马达的工作原理； 7. 了解液压马达的性能参数	1. 能够识读液压缸和液压马达的铭牌； 2. 能够分析液压马达和液压缸的结构、工作原理	1. 培养学生在完成任务过程中与小组成员团队协作的意识； 2. 培养学生文献检索、资料查找与阅读相关资料的能力； 3. 培养学生自主学习的能力

液压马达和液压缸是液压系统中的执行元件。其作用是将由液压泵输入的液压能转换为机械能输出，驱动工作部件进行工作。其中，液压马达输出的是旋转或摆动机械能，而液压缸输出的是往复直线运动机械能。

任务 2.1　分析液压缸的工作特性

任务描述

设计基本的差动连接回路，要求：

(1) 使用差动连接实现液压缸的快进。

(2) 使用换向阀实现液压缸的快退。

注：要求用图形符号画出该回路的工作原理图，并用 FluidSIM 软件仿真验证其正确性。

1. 能够识别各种液压缸。
2. 会分析各类液压缸的工作特点。
3. 会根据要求选择液压缸。
4. 能够在团队合作的过程中安全、正确地设计安装液压回路。

液压缸的种类很多，有不同的分类方法：

（1）按结构形式可分为活塞缸、柱塞缸和伸缩缸等，如图 2-2 所示。表 2-1 是各种常见液压缸的图形符号。

（2）按作用方式可分为单作用液压缸（一个方向的运动依靠液压作用力实现，另一个方向的运动依靠弹簧力、重力等实现）、双作用液压缸（两个方向的运动都依靠液压作用力来实现）、组合式液压缸（如活塞缸与活塞缸的组合、活塞缸与柱塞缸的组合、活塞缸与机械结构的组合等）。

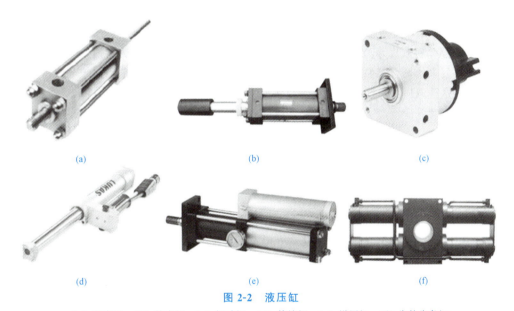

(a)　　　　　　　　(b)　　　　　　　　(c)

(d)　　　　　　　　(e)　　　　　　　　(f)

图 2-2　液压缸

（a）活塞缸；（b）柱塞缸；（c）摆动缸；（d）伸缩缸；（e）增压缸；（f）齿轮齿条缸

表 2-1　各种常见液压缸的图形符号

类型	三种基本形式液压缸			
	活塞缸		柱塞缸	摆动缸
	单杆	双杆		
图形符号				

学习笔记

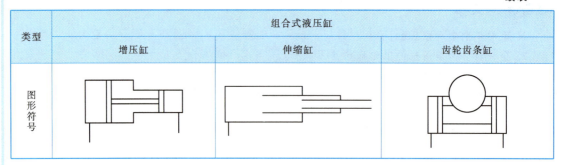

类型	组合式液压缸		
	增压缸	伸缩缸	齿轮齿条缸
图形符号			

2.1.1 活塞缸

1. 单作用单杆活塞缸

图 2-3 所示为单作用单杆活塞缸的结构简图。它的特点是只有一个油口，作进出油液之用。压力油进入缸内油腔（无杆腔）时，活塞在液压力作用下运动而对外做功。活塞的回程则要靠外力来完成。通常有靠弹簧力回程的液压缸，这种液压缸多用于行程较短、对活塞杆的运动速度和距离都无严格要求的场合，如各种制动、拔销、定位液压缸等；还有靠重力回程的液压缸，如单作用柱塞缸，这种液压缸只能用在垂直或倾斜安装的场合，如拖拉机的液压悬挂系统、汽车拖拉机自卸翻斗的驱动等。

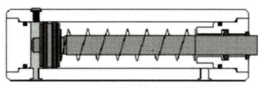

图 2-3 单作用单杆活塞缸

2. 双作用单杆活塞缸

双作用单杆活塞缸分为缸体固定式（活塞杆运动）和活塞固定式（缸体运动）两种结构形式，两者的结构和原理基本相同。下面以缸体固定式为例做介绍。

图 2-4 所示为双作用单杆活塞缸的结构。它主要由缸筒 6、活塞 4、活塞杆 7、缸底 1、缸盖 10 和导向套 8 等组成。

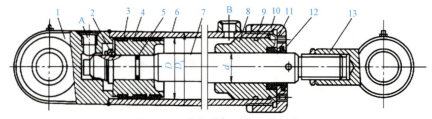

图 2-4 双作用单杆活塞缸的结构

1—缸底；2—卡键；3、5、9、11—密封圈；4—活塞；6—缸筒；
7—活塞杆；8—导向套；10—缸盖；12—防尘圈；13—耳轴；A、B—油口

图 2-5 所示为双作用单杆活塞缸的工作原理，设进油压力为 p_1，回油压力为 p_2，进油流量为 q，两腔有效面积分别为 A_1 和 A_2。

当无杆腔进油、有杆腔回油时 [图 2-5 (a)]，活塞推力 F_1 和运动速度 v_1 分别为

$$F_1 = p_1 A_1 - p_2 A_2 \qquad v_1 = q/A_1 \qquad\qquad (2-1)$$

当有杆腔进油、无杆腔回油时 [图 2-5 (b)]，活塞推力 F_2 和运动速度 v_2 分别为

$$F_2 = p_1 A_2 - p_2 A_1 \qquad v_2 = q/A_2 \qquad\qquad (2-2)$$

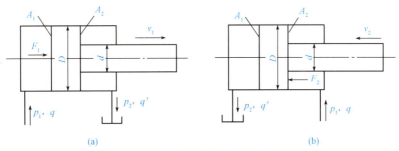

图 2-5　双作用单杆活塞缸的工作原理图

（a）无杆腔进油、有杆腔回油；（b）有杆腔进油，无杆腔回油

由以上分析可以看出，双作用单杆活塞缸有以下两个特点：

（1）当两腔进油压力相同时，往返推力不等（$F_1 > F_2$）。

（2）当两腔进油流量相同时，往返速度不等（$v_1 < v_2$）。即无杆腔进油时，推力大而速度低，有杆腔进油时推力小而速度高。因此，双作用单杆活塞缸常用于一个方向有较大负载但运动速度较低，另一方向为空载而要求快速运动的设备，如机床、农业机械、压力机等液压系统。

若将双作用单杆活塞缸两腔同时通压力油，即将两油口接在一起，这种连接称为差动连接（图 2-6），成为差动液压缸。由于无杆腔有效面积大于有杆腔有效面积，使活塞向右的推力大于向左的推力，所以，推动活塞向右运动，这时的运动速度 v_3 和推力 F_3 分别为

$$v_3 = (q + v_3 A_2)/A_1 = q/(A_1 - A_2) = q/A_3 \qquad F_3 = p_1 A_3 \qquad\qquad (2-3)$$

分析比较以上几个公式可看出：

（1）由于 $A_3 < A_1$，则 $v_3 > v_1$，$F_3 < F_1$，即差动液压缸速度加快，但推力减小。

（2）若使 $A_3 = A_2$，则 $v_3 = v_2$，即差动液压缸可以实现往返等速运动。

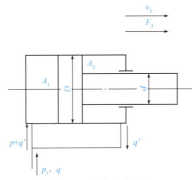

图 2-6　差动连接原理

在输入油液压力和流量相同的条件下，差动连接与非差动连接无杆腔进油工况有什么不同？

在实际应用中，液压系统常通过控制阀来改变单杆缸的油路连接，使其有不同的工作方式，从而获得快进（差动连接）—工进（无杆腔进油）— 快退（有杆腔进油）的工作循环，如图 2-7 所示。

3. 双作用双杆活塞缸

双作用双杆活塞缸的结构与单杆活塞缸基本相同，只是活塞两侧都有活塞杆。图 2-8 所示为

双作用双杆活塞缸原理。由于两腔面积相同，所以当两腔进油压力流量相同时，活塞（或缸体）两方向的运动速度和推力都相等。这种缸常用于要求往复运动速度和推力都相等的场合，如各种磨床。图 2-8（a）所示为缸体固定式，工作台运动范围略大于缸有效行程 l 的 3 倍，所以，占地空间较大。一般用于对工作空间无限制或限制较小的小型设备的液压系统。图 2-8（b）所示为活塞杆固定式，这种缸的活塞杆为空心结构，由缸体带动工作台运动。其运动范围略大于缸有效行程 l 的两倍，占地空间较小，常用于大、中型设备的液压系统。

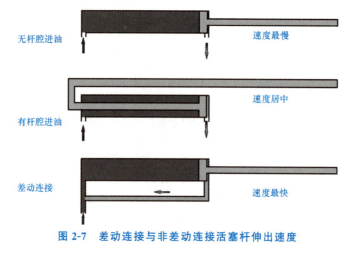

图 2-7　差动连接与非差动连接活塞杆伸出速度

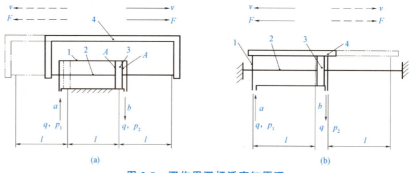

图 2-8　双作用双杆活塞缸原理

（a）缸体固定式；（b）活塞杆固定式

1—缸体泵；2—活塞杆；3—活塞；4—工作台

2.1.2　柱塞缸

活塞式液压缸的应用非常广泛，但这种液压缸由于缸孔加工精度要求很高，当行程较长时，加工难度大，使得制造成本增加。在生产实际中，某些场合所用的液压缸并不要求双向控制，柱塞式液压缸（柱塞缸）正是满足了这种使用要求的、价格低的液压缸。

图 2-9 所示为柱塞缸结构简图。柱塞缸均为单作用式，一般靠重力回程。它主要由缸筒 1、柱塞 2、导向套 3、密封圈 4 和压盖 5 等组成。导向套 3 对柱塞起支承和导向作用，柱塞不与缸筒内壁接触，故缸筒内孔不需精加工，工艺性好，成本低。

推动柱塞运动的作用力是压力油作用于柱塞端面产生的。为了输出较大的推力，柱塞一般较粗、较重，水平安装时会因自重而下垂，造成单边磨损。因此，常制成空心并设置支承套和托架。一般柱塞缸垂直安装使用。单一的柱塞缸只能制成单作用缸［图 2-9（a）］，若将柱塞成对使用，也可使工作台得到双向运动，如图 2-9（b）所示，每个柱塞缸控制一个方向的运动参数。

图 2-9　柱塞缸结构简图

（a）单一的柱塞缸；（b）柱塞成对使用

1—缸筒；2—柱塞；3—导向套；4—密封圈；5—压盖

2.1.3　摆动缸

摆动式液压缸（摆动缸）也称为摆动电动机，输出转矩并实现往复摆动，在结构上有单叶片式和双叶片式两种形式，如图 2-10 所示。摆动式液压缸由定子块 1、缸体 2、摆动轴 3、叶片 4、左右支承盘和左右盖板等主要零件组成。定子块固定在缸体上，叶片和摆动轴固连在一起。当两油口相继通以压力油时，叶片即带动摆动轴做往复摆动。当输入压力和流量不变时，双叶片摆动式液压缸摆动轴输出转矩是相同参数单叶片摆动式液压缸的两倍，而摆动角速度是单叶片的1/2。单叶片摆动式液压缸的摆角一般不超过 280°，而双叶片摆动式液压缸的摆角一般不超过 150°。摆动缸结构紧凑，输出转矩大，但密封困难，一般只用于中、低压系统中做往复摆动、转位或间歇运动的地方。

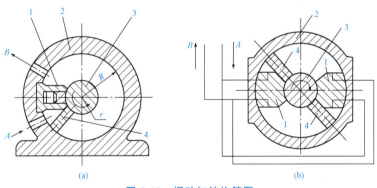

图 2-10　摆动缸结构简图

（a）单叶片式；（b）双叶片式

1—定子块；2—缸体；3—摆动轴；4—叶片

2.1.4　伸缩缸

伸缩缸又称多级缸，由两级或多级活塞缸套装而成，如图 2-11 所示。前一级缸的活塞杆就是后一级缸的缸套，活塞伸出的顺序是从大到小，相应的推力也是从大到小，而伸出的速度是由慢变快。空载缩回的顺序一般是从小活塞到大活塞，收缩后液压缸总长度较短，占用空间较小，结构紧凑。伸缩缸适用于工程机械和其他行走机械，如起重机伸缩臂、车辆自卸等。

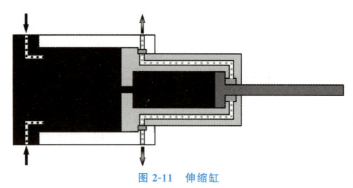

图 2-11　伸缩缸

微课：增压缸、伸缩缸、齿轮齿条缸

2.1.5　增压缸

增压缸也称增压器，能够将输入的低压油转变为高压油供液压系统中的高压支路使用，如图 2-12 所示。它由有效面积为 A_1 的大液压缸和有效作用面积为 A_2 的小液压缸在机械上串联而成，大缸作为原动缸，输入压力为 p_1，小缸作为输出缸，输出压力为 p_2。若不计摩擦力，根据力平衡关系，有如下等式：

$$A_1 \cdot p_1 = A_2 \cdot p_2$$

或
$$p_2 = \frac{A_1}{A_2} p_1 \tag{2-4}$$

图 2-12　增压缸

比值 A_1/A_2 称为增压比，由于 $A_1/A_2 > 1$，压力 p_2 被放大，从而起到增压的作用。增压缸包括单作用增压缸及单向增压回路、双作用增压缸及双向增压回路。

2.1.6　齿轮齿条缸

齿轮齿条缸是活塞缸与齿轮齿条机构组成的组合式缸，如图 2-13 所示。它将活塞的直线往复运动转变为齿轮的旋转运动，用于机床的进刀机构、回转工作台转位、液压机械手等。

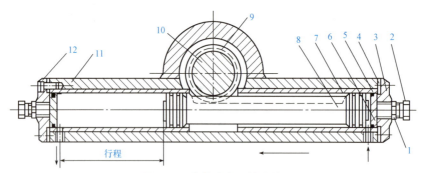

图 2-13　齿轮齿条缸的结构

1—紧固螺母；2—调节螺钉；3—端壁；4—垫圈；5—O 形密封圈；6—挡圈；
7—缸套；8—齿条活塞；9—齿轮；10—传动轴；11—缸体；12—螺钉

任务分析

前面任务中要求设计基本的差动连接回路，经过学习双作用单杆活塞缸，我们知道要想实现差动连接，可以通过将双作用单杆活塞缸两腔同时通入压力油，即将两油口接在一起。

任务中还要求利用换向阀实现液压缸活塞杆快退，可以考虑在回油路加换向阀。在加换向阀时可以考虑加两位三通换向阀（拓展）。

任务实施

经过学习前面的内容和任务分析，将你设计的换向回路画入下面的框内，并标注出元件的名称。

将上面的换向回路利用 FluidSIM 仿真软件进行仿真，验证设计的正确性。

在液压实训台上搭接回路并运行。

任务评价

考核标准						
班级		组名		日期		
考核项目名称						
考核项目	具体说明	分值	教师	组	自评	
讲解系统组成及工作原理	系统组成，内容完整，讲解正确	10				
	工作原理、工作过程完整，原理表述正确	10				
回路设计	能够正确使用费斯托（Festo）液压仿真软件绘制回路	10				
	能够利用软件实现液压回路仿真	10				
回路安装、调试	能够按照设计图正确安装液压回路	10				
	操作步骤及要求表述正确	10				
	操作步骤正确，调节控制合理	10				
	故障诊断现象分析正确	10				
	排除方法正确，操作合理	5				
	操作规范，团队协作，按照 7S 管理	5				
元件的英文名称	表述正确	10				
成绩评定	教师 70%＋其他组 20%＋自评 10%					

任务 2.2 液压缸的典型结构拆装

任务描述

拆装单活塞杆液压缸。通过拆装液压缸进一步了解其结构特点和工作原理。

任务目标

1. 能够识别液压缸的主要部件。
2. 在拆装过程中，掌握液压缸的拆装步骤。
3. 能够按照操作规定正确拆装液压泵。

液压缸通常由后缸盖、缸筒26、活塞杆、活塞组件、前缸盖等主要部分组成，如图 2-14 所示。为防止油液向液压缸外泄漏或由高压腔向低压腔泄漏，在缸筒26与端盖、活塞与活塞杆、活塞与缸筒、活塞杆与前端盖之间均设置有密封装置，在前缸盖外侧，还装有防尘装置；为防止活塞快速退回到行程终端时撞击缸盖，液压缸端部还设置缓冲装置；有时还需要设置排气装置。

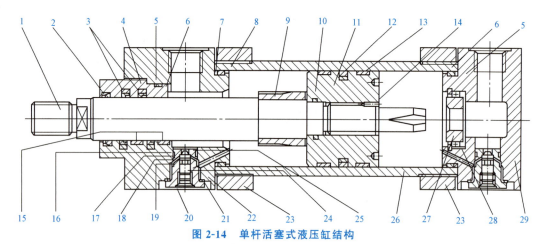

图 2-14 单杆活塞式液压缸结构

1—活塞杆；2—防尘圈；3—活塞杆密封；4—活塞杆导向环；5、7、16、19—反衬密封圈；6、8、10、17、18—O形密封圈；9—活塞前缓冲；11—活塞；12—活塞密封；13、15—低摩密封；14—螺钉止动销；20—止动销；21—密封圈；22—前缸盖；23—法兰；24—可调缓冲器；25—螺纹止动销；26—缸筒；27—后缓冲套；28—后止动环；29—后缸盖

2.2.1 缸筒与缸盖的连接

缸筒是液压缸的主体，其内孔一般采用镗削、铰孔、滚压或珩磨等精密加工工艺制造，要求表面粗糙度为 $0.1\sim0.4\ \mu m$，使活塞及其密封件、支承件能顺利滑动，从而保证密封效果，减少磨损。由于缸筒要承受很大的液压力，所以，应具有足够的强度和刚度。

缸盖装在缸筒两端，与缸筒形成封闭油腔，同样承受很大的液压力，因此，缸盖及其连接件都应有足够的强度。设计缸盖时既要考虑强度，又要选择工艺性较好的结构形式。

铸铁、铸钢或锻钢制作的缸筒2多采用法兰式连接 [图 2-15 (a)]，这种结构易于安装和装配，但外形尺寸较大。用无缝钢管制成的缸筒常采用半环式连接 [图 2-15 (b)] 和螺纹连接 [图 2-15 (c)]，这两种连接方式结构简单、质量轻。但半环式连接须在缸筒上加工环形槽，削弱了缸筒的强度；而螺纹连接须在缸筒上加工螺纹，端部结构比较复杂，装拆时需要使用专门工具，拧紧缸盖1时有可能将密封圈拧扭。较短的液压缸常采用拉杆式连接 [图2-15 (d)]，这种连接具有加工和装配方便等优点，其缺点是外套尺寸和质量较大。另外，还有焊接式连接 [图2-15 (e)]，其结构简单，尺寸小，但焊后缸体有变形，且不易加工，故使用较少。

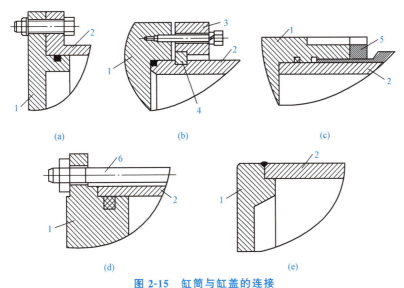

图 2-15　缸筒与缸盖的连接

（a）法兰式连接；（b）半环式连接；（c）螺纹连接；（d）拉杆式连接；（e）焊接式连接

1—缸盖；2—缸筒；3—压板；4—半环；5—防松螺母；6—拉杆

2.2.2　活塞与活塞杆的连接

活塞组件由活塞3、活塞杆1和连接件等组成，根据液压缸的工作压力、安装方式和工作条件的不同，活塞组件有多种结构形式，常见的有螺纹连接 [图2-16 (a)] 和半环式连接 [图2-16 (b)]。螺纹连接的优点是装拆方便、连接可靠、使用范围广；缺点是加工和装配时都要使用可靠的方法将螺母锁紧。半环式连接装拆简单、连接可靠、加工工艺性好、活塞与活塞杆之间允许有微小的活动、不易卡滞，但要求活塞与活塞杆的挡槽之间有适当的轴向公差，以便装配，故结构比较复杂，适用于高压大负荷，特别是振动较大的场合。

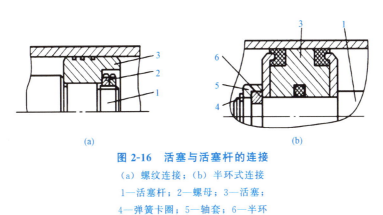

图 2-16　活塞与活塞杆的连接

（a）螺纹连接；（b）半环式连接

1—活塞杆；2—螺母；3—活塞；

4—弹簧卡圈；5—轴套；6—半环

2.2.3　液压缸的密封与防尘

液压缸的密封主要指活塞与缸筒内壁、活塞杆与缸盖间的动密封和缸筒与缸盖间的静密封，良好的密封是保证液压缸进行正常工作的必要条件。在设置密封装置时，一方面要充分保证密封效果、防止泄漏；另一方面要尽量减小摩擦阻力，还要求拆装方便、成本低且寿命长。常用的密封圈有 O 形、Y 形、V 形及组合式等数种，其材料为耐油橡胶、尼龙、聚氨酯等。

O 形密封圈的截面为圆形，主要用于静密封和速度较低的滑动密封。其结构简单、紧凑，安装方便，价格低，可在 −40 ℃～120 ℃的温度范围内工作，如图 2-17（a）所示。在无液压力时，靠 O 形圈的弹性对接触面产生预接触压力，实现初始密封，当密封腔充入压力油后，在液压力的作用下，O 形圈被挤向槽一侧，密封面上的接触压力上升，提高了密封效果。在动密封中，当压力大于 10 MPa 时，O 形圈就会被挤入间隙中而损坏，为此需在 O 形圈低压侧设置聚四氟乙烯或尼龙制成的挡圈，其厚度为 1.25～2.5 mm，双向受高压时，两侧都要加挡圈。

Y 形密封圈的截面为 Y 形，属于唇形密封圈，如图 2-17（b）所示。它是一种密封性、稳定性和耐压性较好，摩擦阻力小，寿命较长的密封圈，应用非常普遍。Y 形圈主要用于往复运动的密封，根据截面长宽比例的不同，Y 形圈可分为宽断面和窄断面两种形式：宽断面 Y 形圈一般适用于工作压力 $p<20$ MPa 的情况；窄断面 Y 形圈一般适用于工作压力 $p<32$ MPa 的情况。

V 形密封圈是由压环、V 形圈和支承环组成，截面为 V 形，如图 2-17（c）所示。当工作压力高于 10 MPa 时，可增加 V 形圈的数量，提高密封效果。安装时，V 形圈的开口应面向压力高的一侧。V 形密封圈密封性能良好，耐高压，寿命长，主要用于活塞杆的往复运动密封，它适合在工作压力 $p>50$ MPa、温度 −40 ℃～80 ℃的条件下工作。

组合式密封圈由两个或两个以上的不同功能的、不同材料的密封件组合为一体，如图 2-17（d）所示。组合式密封圈种类有同轴型密封圈、鼓形和山形密封圈、旋转密封圈，其结构紧凑、摩擦阻力小、密封高效和寿命长。

经常在野外作业的机械，工作条件恶劣，污染较严重，因此，在活塞杆和缸盖的配合表面应有防尘措施，通常采用防尘挡圈和帆布套等。

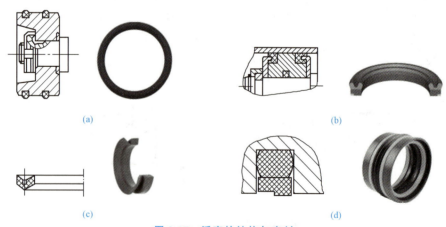

（a）　　　　　　　　　　　　　　　　　　　　（b）

（c）　　　　　　　　　　　　　　　　　　　　（d）

图 2-17　活塞的结构与密封

（a）O 形密封圈；（b）Y 形密封圈；（c）V 形密封圈；（d）组合式密封圈

2.2.4　液压缸的缓冲装置

当液压缸驱动的工作部件质量较大、运动速度较高或换向平稳性要求较高时，应在液压缸中设置缓冲装置，以免在行程终端换向时产生很大的液压冲击、噪声，甚至机械碰撞等，影响工作平稳性。缓冲装置一般利用以下原理达到缓冲效果：当活塞接近行程终端时，减小回油通流面积，增大回油阻力，使活塞减缓速度。常见的缓冲装置如下。

1. 环状间隙式缓冲装置

图 2-18 (a) 所示为圆柱形环状间隙式缓冲装置结构。活塞端部有圆柱形缓冲柱塞，当柱塞运行至液压缸端盖上的圆柱光孔内时，密封在缸筒内的油液只能从环形间隙口处挤出，此时液压缸回油口被活塞封堵，从而增大了回油阻力，减缓了冲击。图 2-18 (b) 所示为圆锥形环状间隙式缓冲装置。其缓冲柱塞为圆锥体，环形间隙可随柱塞伸入缸盖孔中距离的增大而减小，可获得更好的缓冲效果。

2. 可变节流槽式缓冲装置

如图 2-18 (c) 所示，在其圆柱形的缓冲柱塞上开有几个均布的三角形节流沟槽，随着柱塞伸入孔中的距离增大，其通流面积减小，增加了回油阻力，起到缓冲效果。这种形式缓冲作用均匀，冲击压力小，制动位置精度高。

3. 可调节流孔式缓冲装置

如图 2-18 (d) 所示，在液压缸端盖上设有单向阀和可调节流阀。当缓冲柱塞伸入缸盖内孔时，活塞与缸盖间的油液需经节流阀流出，调节节流阀的开度，即可获得理想的缓冲效果。

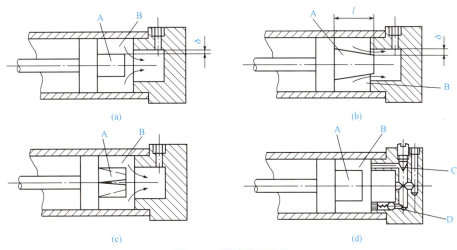

图 2-18　缓冲装置结构

(a) 圆柱形环状间隙式；(b) 圆锥形环状间隙式；(c) 可变节流槽式；(d) 可调节流孔式
A—调节杆；B—缸筒；C—节流阀；D—单向阀

2.2.5　液压缸的排气

液压系统中混入空气会产生振动、噪声、低速爬行和启动前冲等现象，从而影响系统的工作平稳性，因此，设计液压缸时必须考虑排气问题。对要求较低的液压缸可不设置专门的排气装置，而将油口布置在缸筒两端的最高处，由流出的油液将缸中的空气带回油箱，再从油箱中逸出；对速度稳定性要求较高的液压缸和大型液压缸，则需要在其最高部位设置排气孔并用管道与排气阀 [图 2-19 (a)] 相连，或在最高部位设置排气塞 [图 2-19 (b)] 进行排气。当打开排气阀或松开排气阀螺钉并使液压缸以最大行程快速运行时，缸中的空气即可排出。一般空行程往复 8～10 次即可关闭排气阀或排气塞，液压缸便可进行正常工作。

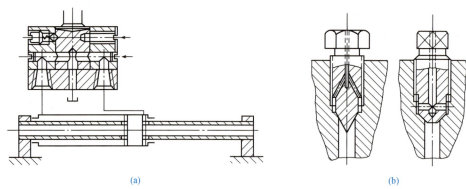

(a)
(b)

图 2-19　液压缸的排气装置
（a）排气阀；（b）排气塞

任务分析

前面任务中要求拆装液压缸，通过对液压缸结构的学习，我们知道其包含的主要元件及相应的工作过程，在拆装过程中，要画出装配示意图，列出各元件的装配顺序，装配后要试运行。

任务实施

经过学习前面的内容和任务分析，将液压缸的装配图示意图画入下框，并列出各元件的装配顺序。

任务单		班级		日期	
任务名称	液压缸结构拆装分析				
目的	1. 观察液压缸的结构并分析各部分结构的作用。 2. 能够对液压缸进行正确的拆装，并在拆装过程中分析结构和工作过程				
内容	1. 准备好内六角扳手1套、耐油橡胶板1块、油盘1个、钳工工具1套。 2. 拆卸液压缸前，首先需要了解需要拆卸的液压缸，先观察液压缸的外部结构，特别是观察油口的位置及安装尺寸，为之后的组装做准备。 3. 先将缸右侧的连接螺钉拆下（缸盖与右法兰分离），将活塞杆和活塞整体从缸筒中轻轻拉出，再从缸盖中向左拉出活塞杆，使缸盖、压盖均成为单体。 4. 从缸盖中取出导向套，再取密封圈和防尘圈。 5. 在缸头中拆卸缓冲节流阀和O形密封圈。 6. 取出左侧直销，旋出缓冲套，将活塞与活塞杆脱离，按顺序卸下密封圈和导向环、缓冲套和O形密封圈以便检修活塞和活塞杆。 7. 松动并卸出左侧螺钉，使缸底与缸筒分离，缸底与缸筒成为单体，从缸底中卸下单向阀，擦洗单向阀，保证排液装置通畅。 8. 对以上这些配件进行擦洗整理，修理，分类堆放，便于今后安装				

学习笔记

任务单		班级		日期	
思考问题	1. 液压缸属于液压系统的哪一部分？它在液压系统中的作用是什么？ 2. 液压缸由哪几个部分组成？各部分的作用是什么？				
考核内容	1. 通过拆装，掌握液压缸的主要零部件构造，了解其加工工艺要求。 2. 掌握拆装液压缸的方法和拆装要点				

任务评价

考核标准					
班级		组名		日期	
考核项目名称					
考核项目	具体说明		分值	教师	学生
结构分析	在装配过程中，能够指出各个零件的名称和装配关系		30		
工作原理	在装配中，能够讲解元件的工作过程		30		
工匠精神	操作规范，团队协作，按照7S管理		15		
实际安装顺序	详见任务单		15		
翻译铭牌	能正确翻译元件铭牌的英文参数		10		
成绩评定					

任务 2.3　液压马达的选用和拆装

任务描述

通过拆装液压马达进一步了解液压马达的结构特点和工作原理，要求：

（1）掌握液压马达的工作原理和结构。

（2）拆装过程中，严格按照拆装步骤进行。

任务目标

1. 能够区分液压泵与液压马达的不同。

2. 能够识别各种类型的液压马达。

3. 能够根据要求选择合适的液压马达。

4. 能够安全规范地拆装液压马达。

2.3.1　液压泵和液压马达的区别

液压马达在结构上与液压泵非常相似，但是工作过程与液压泵是相反的。从工作原理上分析，液压泵和液压马达是可逆的，即向容积泵中输入压力油，就可使泵转动，输出转矩和转速，称为液压马达。但由于它们各自的使用条件和工作要求不同，不少同类型的液压泵和液压马达在结构上存在差异，一般是不能互换使用的。

2.3.2　液压马达的分类及图形符号

液压马达有很多种类和不同的分类方法，主要如下：

（1）按结构形式可分为齿轮马达、叶片马达和柱塞马达，如图 2-20 所示。

（2）按输出转速可分为高速液压马达和低速液压马达。

（3）按流量是否可调可分为定量马达和变量马达。

（4）按额定压力高低可分为低压马达、中压马达和高压马达。

液压马达的图形符号见表 2-2。

(a)　　　　　　　　　　(b)　　　　　　　　　　(c)

图 2-20　液压马达

（a）齿轮马达；（b）叶片马达；（c）柱塞马达

表 2-2　液压马达的图形符号

特性	单向定量	双向定量	单向变量	双向变量
液压马达				

2.3.3　液压马达的工作原理

2.3.3.1　齿轮马达

1. 工作原理

齿轮马达和齿轮泵的结构基本上是相同的，图 2-21 所示为齿轮马达的工作原理。图中 P 点为相互啮合两齿轮的啮合点，h 为齿高，a 和 b 分别为啮合点 P 到两齿根的距离，显然 a 和 b 均小于 h。当液压油进入马达进油腔时，压力油就会在进油腔内两个相互啮合的轮齿面上分别产生作用力 $p(h-a)B$ 和 $p(h-b)B$（B 为齿宽），从而对两齿轮产生旋转转矩，使其按图示方向旋转，拖动外负载做功。随着齿轮的连续旋转，进油腔容积不断增大，压力油不断地输入，且不断地带到回油腔排回油箱。

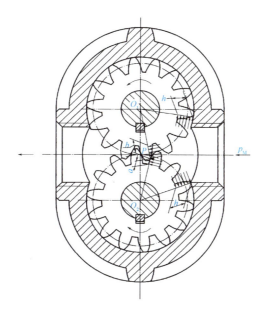

微课：液压马达
结构和工作原理

微课：液压
马达实物讲解

图 2-21　齿轮马达工作原理

2. 结构特点

从工作原理上看，齿轮马达和齿轮泵是可逆的，即可以互换使用。但由于马达要实现正反转而要求结构对称，而齿轮泵用于解决有关问题，如困油问题、径向不平衡力问题和泄漏问题。在应用中，齿轮泵不能直接作为马达使用（内啮合式齿轮泵可以）。

齿轮马达主要具有以下特点：

（1）进出油口对称，孔径相同，以便实现正反转。

（2）内部泄漏油需要单独用油管引回油箱，这是因为马达回油腔压力往往高于大气压力，如果采用内泄漏结构，可能将轴端油封冲坏，特别是马达正反转时，原来的回油腔变为进油腔，情况会更为严重。

（3）可以不采用端面间隙自动补偿装置。若要采用，则需要设置压力油道自动转换机构。另外，解决困油问题的卸荷槽必须采用对称布置式，以适应正反转要求。

（4）多采用滚动轴承，以减少磨损改善启动性能。

齿轮马达结构简单，成本低，高速运转时稳定性较好，被广泛应用于农业机械、工程机械和林业机械。

2.3.3.2　叶片马达

1. 工作原理

图 2-22 所示为叶片马达工作原理，当压力油进入油腔时，在叶片 1、3 和 5、7 上，一面有压力油作用，另一面无压力油作用。由于叶片 1、5 受力面积大于 3、7，因此，由受力面积差产生作用力差，进而产生旋转转矩，推动转子按图示方向旋转（图中叶片 2、6 两侧均受压力油作用而未标），这就是叶片马达的工作原理。

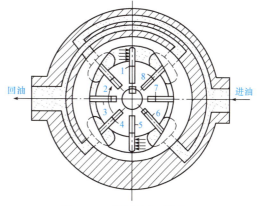

图 2-22　叶片马达工作原理

2. 结构特点

叶片马达和叶片泵在结构上也有所不同，不能直接互换使用，其主要特点如下：

（1）叶片径向放置，以适应正反转要求。

（2）为使叶片底部能始终通压力油、不受回转方向的影响，在进回油腔通入叶片根部的通路上装有两个单向阀。

（3）叶片根部槽内装有燕尾形弹簧，使叶片始终处于伸出状态，保证初始密封。

叶片马达体积小，转动惯量小，动作灵敏，换向频率也较高，但泄漏大、低速不稳定。因此，该马达适用于高转速、低转矩、频繁换向和要求动作灵敏的场合。

2.3.3.3 柱塞马达

与前两种液压马达不同，轴向柱塞泵和轴向柱塞马达具有可逆性，即柱塞泵可以直接作为马达使用。图 2-23 所示为斜盘式轴向柱塞马达的工作原理。当压力油经配油盘进入柱塞根部孔时，柱塞受压力油作用向外伸出，并紧压在斜盘 1 上。这时斜盘对柱塞产生一反作用力 F。力 F 可分解为两个分力：一个是轴向分力 F_x，它和作用在柱塞上的压力平衡；另一个是垂直分力 F_y，它对缸体产生转矩，而使缸体旋转起来。

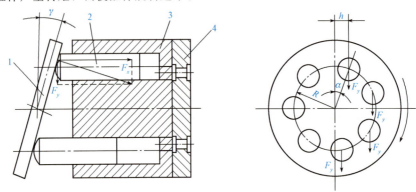

图 2-23　斜盘式轴向柱塞马达工作原理
1—斜盘；2—柱塞；3—缸体；4—配油盘

轴向柱塞马达的优点是应用广泛，容积效率高，容易实现变量且低速稳定性较好；缺点是耐冲击振动性较差，对油液的污染比较敏感，价格比较高。因此，其多用于低转矩、高转速场合。

任务分析

前面任务中要求拆装液压马达，通过对液压马达工作原理及结构的学习，我们知道其包含的主要元件及相应的工作过程。在拆装过程中，要画出装配示意图，列出各元件的装配顺序，装配后要试运行。

任务实施

经过学习前面的内容和任务分析，将液压马达装配示意图画入下框，并列出各元件的装配顺序。

任务单		班级		日期	
任务名称	液压马达结构拆装分析				
目的	1. 掌握液压马达的结构，并能对其结构进行分析。 2. 掌握液压马达的工作原理。 3. 能够对液压马达进行正确的拆装，并在拆装过程中分析结构和工作过程				
内容	1. 松开泵体与泵盖的连接螺栓。 2. 依次取出轴套、主动齿轮、从动齿轮等。如果配合面卡带，可用铜棒轻轻敲击，禁止猛力敲打，损坏零件。拆卸后，观察轴套（或侧板）的构造，并记住安装方向。 3. 分析液压马达困油现象、径向力不平衡、泄漏的问题。 4. 分辨液压马达进、出油口。 5. 按拆卸的相反顺序装配液压马达，即后拆的零件先装配，先拆的零件后装配。装配时，如将零件弄脏，应该用煤油清洗干净后可装配。装配轴套（或侧板）时，注意安装方向，避免液压马达不能正常工作。装配时严禁遗漏零件。 6. 将液压马达外表面擦拭干净，按7S整理工作台				
思考问题	1. 写出液压马达的主要组成零件的名称。 2. 如果液压马达的铭牌丢失，需要判断轴的传动方向吗？ 3. 液压马达吸油口、压油口是否大小一样？为什么？				
考核内容	1. 通过拆装，掌握双作用液压马达的主要零部件构造，了解其加工工艺要求。 2. 掌握拆装双作用液压马达的方法和拆装要点				

任务评价

考核标准					
班级		组名		日期	
考核项目名称					
考核项目	具体说明		分值	教师	学生
结构分析	在装配过程中，能指出各个零件的名称和装配关系		30		
工作原理	在装配中，能讲解元件的工作过程		30		
工匠精神	操作规范，团队协作，按照7S管理		15		
实际安装顺序	详见任务单		15		
翻译铭牌	能正确翻译元件铭牌的英文参数		10		
成绩评定					

项目分析 NEWS!

本项目我们学习了液压系统执行元件的相关知识，通过对液压缸体和马达进行拆装，了解了液压缸和马达的整体运行过程。设计龙门刨床主运动液压原理图，分析龙门刨床运动设计机械加工中常用的"工进—快进—快退"液压控制回路，即设备在加工过程中快速进给，开始加工时慢速稳定进给，加工完毕，快速退回。目的是使设备在不加工时有较高的速度，以提高效率，加工时有稳定的速度以保证质量。

项目实施

经过学习前面的内容和任务分析，将你设计的液压回路画入下面的框内。

（1）将上面的设计回路利用 FluidSIM 仿真软件进行仿真，验证设计的正确性。

（2）记录执行元件的工进—快进—快退速度，并分析速度变化的原因。

（3）在液压实训台上搭接回路并运行。

 项目评价

考核标准						
班级		组名			日期	
考核项目名称						
考核项目	具体说明		分值	教师	组	自评
讲解系统组成工作原理	系统组成，内容完整，讲解正确		10			
	工作原理、工作过程完整，原理表述正确		10			
回路设计	能正确使用仿真软件绘制回路		10			
	能够利用软件实现液压回路仿真		10			
回路安装、调试	能够按照设计图正确安装液压回路		10			
	操作步骤及要求表述正确		10			
	操作步骤正确，调节控制合理		10			
	故障诊断现象分析正确		10			
	排除方法正确，操作合理		5			
	操作规范，团队协作，按照7S管理		5			
元件的英文名称	表述正确		10			
成绩评定	教师70％＋其他组20％＋自评10％					

中国"天眼"FAST中的液压技术

中国"天眼"——500 m口径球面射电望远镜（Five hundred meters Aperture Spherical radio Telescope，FAST）是全球最大的射电天文望远镜。目前，发现了132颗优质脉冲星，为人类探索宇宙奥秘提供了强大支撑。液压促动器是"天眼"的两大核心设备之一，主要功能是改变面板朝向，以便多方位观测天体。FAST使用了2 225台液压促动器，不仅填补了20多项我国行业技术空白，还开创了18项中国第一，把小投入、大智慧、高收益的"非标产品定制"推向全国走向世界，打破了国外液压技术垄断的局面。

作为中国"十一五"重大科学工程，FAST目前是世界上最大单口超级望远镜（图2-24），与号称"地面最大机器"的德国波恩100 m望远镜相比，FAST的灵敏度提高了10倍；与排在阿波罗登月之前、被评为人类20世纪十大工程之首的Arecibo 300 m望远镜相比，综合性能提高了10倍。

图2-24 中国"天眼"——FAST

液压促动器就是超级"天眼"的"神经"，能让FAST敏感地捕捉来自宇宙深空的信号。据介绍，每个液压促动器由100多个元件组成，从液压系统设计、电气系统设计、控制系统设计到密封圈的选择，研发团队在标准液压促动器的基础上进行了改良。将机、液、光、电等系统紧密"集合"在一个不足120 kg的装置内，达到了无强制风冷、无电磁和油液泄漏、全天候工作的要求，同时能保证无故障周期至少3年，主机寿命10年以上。

另外，液压促动器具有屏蔽干扰电磁波的优势。FAST接收外来天体的电磁波进行分析处理，如果运行时产生了其他的电磁信号，这些信号就会影响分析结果的正确性。经过研发人员的不懈努力，最终其电磁干扰性能达到了比国家军用标准还严格的射电天文标准。

项目小结 NEWS!

（1）液压缸按结构可分为活塞缸、柱塞缸、摆动缸、伸缩缸、增压缸和齿轮齿条缸。

（2）液压缸按作用方式可分单作用、双作用、组合式液压缸。

（3）液压系统常通过控制阀来改变单杆缸的油路连接，使其有不同的工作方式，从而获得快进（差动连接）—工进（无杆腔进油）—快退（有杆腔进油）的工作循环。

（4）对具有代表性的活塞式液压缸，在结构上主要包括缸筒的结构、柱塞的结构、缓冲装置、排气装置及各部分的密封结构。

（5）液压马达按结构形式可分为齿轮马达、叶片马达和柱塞马达；按输出转速可分为高速液压马达和低速液压马达；按流量是否可调分为定量马达和变量马达；按额定压力高低可分为低压马达、中压马达和高压马达。

学习笔记　　　**任务检查与考核**

2-1 填空题

1. 液压缸是将_____能转变为_____能，用来实现直线往复运动的执行元件。

2. 一个双作用双杆液压缸，若将缸体固定在床身上，活塞杆和工作台相连，其运动范围为活塞有效行程的_____倍；若将活塞杆固定在床身上，缸体与工作台相连，其运动范围为液压缸有效行程的_____倍。

3. 液压缸的结构可分为_____、_____、_____、_____和_____五个部分。

4. 液压缸中常用的密封形式有_____、_____、_____和_____等。

2-2 判断题

1. 液压缸是将液体的压力能转换成机械能的能量转换装置。（　　）

2. 双活塞杆液压缸又称为双作用液压缸，单活塞杆液压缸又称为单作用液压缸。（　　）

3. 液压缸差动连接可以提高活塞的运动速度，并可以得到很大的输出推力。（　　）

4. 差动连接的单出杆活塞液压缸，可使活塞实现快速运动。（　　）

5. 因存在泄漏，输入液压马达的实际流量大于其理论流量，而液压泵的实际输出流量小于其理论流量。（　　）

6. 液压马达与液压泵从能量转换观点上看是互逆的，因此，所有的液压泵均可以作为马达使用。
（　　）

2-3 选择题

1. 单杆式活塞液压缸的特点是（　　）。

　　A. 活塞两个方向的作用力相等

　　B. 活塞有效作用面为活塞杆面积 2 倍时，工作台往复运动速度相等

　　C. 其运动范围是工作行程的 3 倍

　　D. 常用于实现机床的快速退回及工作进给

2. 起重设备要求伸出行程长时，常采用的液压缸形式是（　　）。

　　A. 活塞缸　　　　　　　　　　　　B. 柱塞缸

　　C. 摆动缸　　　　　　　　　　　　D. 伸缩缸

3. 要实现工作台往复运动速度不一致，可采用（　　）。

　　A. 双杆活塞式液压缸

　　B. 柱塞缸

　　C. 活塞面积为活塞杆面积 2 倍的差动液压缸

　　D. 单出杆活塞式液压缸

4. 液压龙门刨床的工作台较长，考虑到液压缸缸体长，孔加工困难，所以采用（　　）液
　压缸较好。

　　A. 单杆活塞式　　　　　　　　　　B. 双杆活塞式

　　C. 柱塞式　　　　　　　　　　　　D. 摆动式

2-4 简答题

1. 什么是单作用液压缸和双作用液压缸？简述其特点和应用。

2. 差动液压缸有什么特点？是否将各种形式液压缸的两个油口接在一起都会使速度加快？为什么？

3. 缸体固定和活塞杆固定液压缸所驱动的工作台运动范围有何不同？其进油方向和工作台运动方向之间是什么关系？

4. 液压缸如何实现排气和缓冲？

(1) 液压马达——hydraulic motor

(2) 缸——cylinder

(3) 外伸行程——extend stroke

(4) 内缩行程——retract stroke

(5) 缓冲——cushioning

(6) 工作行程——working stroke

(7) 负载压力——induced pressure

(8) 输出力——force

(9) 单作用缸——single-acting cylinder

(10) 双作用缸——double-acting cylinder

(11) 差动缸——differential cylinder

(12) 伸缩缸——telescopic cylinder

(13) 实际输出力——actual force

项目3　液压控制元件与控制回路设计和装调

项目描述

作为一名液压机研发设计人员，先安排你根据小型液压机的用途、特点和要求，利用液压传动的基本原理拟订出合理的液压基本回路，对于液压机的工作缸要求实现快速空程下行—慢速加压—保压—快速回程—停止的工作循环。

项目目标

知识目标	能力目标	素质目标
1. 了解液压控制阀的类型。 2. 掌握各类液压控制阀的结构组成、工作原理和性能特点。 3. 熟悉各种液压控制阀的图形符号和画法。 4. 了解各类液压控制阀的基本功能和用途。 5. 掌握液压基本回路的类型和作用。 6. 掌握压力控制回路的工作原理及应用。 7. 掌握速度控制回路的工作原理及应用。 8. 掌握顺序动作回路的工作原理及应用。 9. 了解容积调速回路的调节方法及应用	1. 能够掌握液压控制阀的正确拆卸、装配及安装连接方法。 2. 能够正确使用和选用液压控制阀。 3. 能够对压力、速度、方向控制回路进行组装。 4. 能够独立对压力、速度、方向控制回路进行调试。 5. 能够解决在压力、速度、方向控制回路的组装和调试中出现的各类问题，并能排除故障。 6. 能够分析各类压力、速度、方向控制回路的工作原理	1. 培养学生在完成任务过程中与小组成员团队协作的意识。 2. 培养学生文献检索、资料查找与阅读相关资料的能力。 3. 培养学生自主学习的能力

任务3.1　方向控制回路组建和调试

任务描述

在液压机液压系统中，要求执行元件在停止运动时不受外界影响而发生漂移或窜动，也就是要求液压缸或活塞杆能可靠地停留在行程的任意位置上。应选用哪种液压元件来实现这一功能？

注：要求用图形符号画出图 3-1 所示平面磨床液压系统回路的工作原理图，并用 FluidSIM 软件仿真验证其正确性。

图 3-1　平面磨床

任务目标

1. 认识单向阀和换向阀的结构、工作原理及图形符号。

2. 会分析换向、锁紧回路的组成和功能。

3. 能够在团队合作的过程中设计搭建换向、锁紧回路，并仿真调试回路。

液压控制阀（简称液压阀）的种类很多，通常按照它在系统中所起的作用不同，分为以下三大类：

（1）方向控制阀——单向阀、换向阀等。

（2）压力控制阀——溢流阀、减压阀、顺序阀、压力继电器等。

（3）流量控制阀——节流阀、调速阀等。

有时为简化系统的组成，常将两个或两个以上阀类元件的阀芯安装在一个阀体内，制成独立单元，如单向顺序阀、单向节流阀等，称为组合阀；也可在基本类型阀上加装控制部分，构成一些特殊阀，如电液比例阀、电液数字阀等。

液压控制阀根据其在系统中的安装方式不同，可分为管式连接和板式连接。

尽管各类液压阀的功能不同，但在结构和原理上有相似之处，即绝大多数的液压阀由阀体、阀芯和控制部分组成；都是通过改变油液的通路或液阻来进行调节和控制的。

3.1.1　单向阀和锁紧回路

1. 普通单向阀

普通单向阀控制油液只能按一个方向流动而反向截止，故又称止回阀，简称单向。它由阀体 1、阀芯 2、弹簧 3 等零件组成，如图 3-2 所示。图 3-2（a）所示为管式单向阀，图 3-2（b）所示为板式单向阀。

对单向阀的主要性能要求：油液通过时压力损失要小，反向截止时密封性要好。单向阀的弹簧很弱小，仅用于将阀芯顶压在阀座上，故阀的开启压力仅为 0.035～0.1 MPa。若将弹簧换为硬弹簧，使其开启压力达到 0.2～0.6 MPa，则可将其作为背压阀使用。

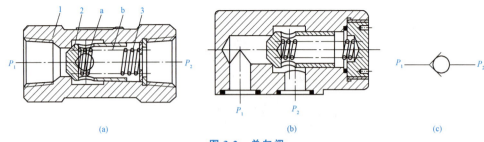

图 3-2　单向阀

（a）管式单向阀；（b）板式单向阀；（c）图形符号

1—阀体；2—阀芯；3—弹簧

a—径向孔；b—轴向孔

2. 液控单向阀

图 3-3（a）所示为液控单向阀。它与普通单向阀相比，在结构上增加了控制油腔 a、控制活塞 1 及控制油口 K。当控制油口通过一定压力的压力油时，推动控制活塞 1 使锥阀芯 2 右移，液控单向阀即保持开启状态，使该单向阀也可以反方向通过油流。为了减小控制活塞移动的阻力，控制活塞制成台阶状并设一外泄油口 L。控制油的压力不应低于油路压力的 30%～50%。

当几处油腔压力较高时，顶开锥阀所需要的控制压力可能很高。为了减小控制油口 K 的开启压力，在锥阀内部可增加一个卸荷阀芯 3［图 3-3（c）］。在控制活塞 1 顶起锥阀芯 2 之前，先顶起卸荷阀芯 3，使上下腔油液经卸荷阀芯上的缺口流通，锥阀上腔 P_2 的压力油泄到下腔，压力降低。此时控制活塞便可以较小的力将锥阀芯顶起，使 P_1 和 P_2 两腔完全连通，这样，液控单向阀用较低的控制油压即可控制有较高油压的主油路。液压机的液压系统常采用这种有卸荷阀芯的液控单向阀使主缸卸压后再反向退回。

微课：单向阀
实物讲解

动画：单向阀动画

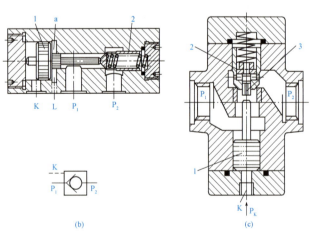

图 3-3　液控单向阀与复式液控单向阀

（a）液控单向阀；（b）图形符号；（c）复式液控单向阀

1—控制活塞；2—锥阀芯；3—卸荷阀芯

a—控制油腔；K—控制油口；L—泄油口

液控单向阀具有良好的单向密封性，常用于执行元件需要长时间保压、锁紧的情况下，也常用于防止立式液压缸停止运动时因自重而下滑，以及速度换接回路中，其也被称为液压锁。

3. 单向阀锁紧回路

动画：液控
单向阀动画

图 3-4 所示为液控单向阀（又称双向液压锁）的锁紧回路。当换向阀左位接入时，压力油经左边液控单向阀进入液压缸左腔，同时，通过控制口打开右边液控单向阀，使液压缸右腔的回油可经右边液控单向阀及换向阀流回油箱，活塞向右运动。反之，活塞向左运动。到了需要停留的位置，只需要使换向阀处于中位，因阀的中位为 H 形机能（Y 形也可），所以两个液控单向阀均关闭，使活塞双向锁紧。

锁紧回路功用为使液压缸能在任意位置停留，且停留后不会因外力作用而移动位置。回路中由于液控单向阀的密封性好，泄漏极少，锁紧的精度主要取决于液压缸的泄漏。这种回路被广泛用于工程机械、起重运输机械等有锁紧要求的场合。

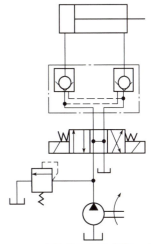

图 3-4 液控单向阀的锁紧回路

3.1.2 换向阀和换向回路

换向阀的作用是利用阀芯位置的改变，改变阀体上各油口的连通或断开状态，从而控制油路连通、断开或改变方向。

1. 换向阀的分类及图形符号

（1）按阀的操纵方式不同，换向阀可分为手动、机动、电磁动、液动、电液动换向阀。

微课：互锁回路
与互不干扰回路

（2）按阀芯位置数不同，换向阀可分为二位、三位、多位换向阀。

（3）按阀体上主油路进、出油口数目不同，换向阀可分为二通、三通、四通、五通等。

换向阀的结构原理及图形符号见表 3-1。

表 3-1 换向阀的结构原理及图形符号

名称	结构原理图	图形符号
二位二通阀		
二位三通阀		
二位四通阀		

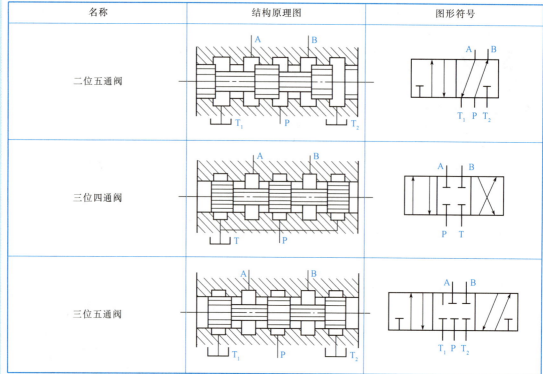

名称	结构原理图	图形符号
二位五通阀		
三位四通阀		
三位五通阀		

表 3-1 中图形符号所表达的意义如下：

（1）方格数即"位"数，三格即三位。

（2）箭头表示两油口连通，但不表示流向。"⊥"表示油口不通流。在一个方格内，箭头或"⊥"符号与方格的交点数为油口的通路数，即"通"数。

（3）控制方式和复位弹簧的符号应画在方格的两端。

（4）P 表示压力油的进口，T 表示与油箱连通的回油口，A 和 B 表示连接其他工作油路的油口。

（5）三位阀的中格及二位阀侧面画有弹簧的那一方格为常态位。在液压原理图中，换向阀的符号与油路的连接一般应画在常态位上。二位二通阀有常开型（常态位置两油口连通）和常闭型（常态位置两油口不连通），应注意区分。

2. 几种常用的换向阀

（1）机动换向阀。机动换向阀又称行程阀。它利用安装在运动部件上的挡块或凸轮，压阀芯端部的滚轮使阀芯移动，从而使油路换向。这种阀通常为二位阀，并且用弹簧复位。图 3-5 所示为二位二通机动换向阀。在图示位置，阀芯 2 在弹簧 3 作用下处于左位，P 与 A 不连通；当运动部件上的挡块压住滚轮 1 使阀芯移至右位时，油口 P 与 A 连通。

微课：二位二通机动
换向阀实物讲解

机动换向阀结构简单，换向时阀口逐渐关闭或打开，故换向平稳、可靠、位置精度高，常用于控制运动部件的行程，或者快、慢速度的转换。其缺点是它必须安装在运动部件附近，一般油管较长。

（2）电磁换向阀。电磁换向阀是利用电磁铁的吸力控制阀芯换位的换向阀。它操作方便，布局灵活，有利于提高设备的自动化程度，因而应用广泛。

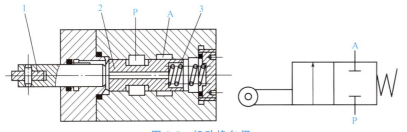

图 3-5　机动换向阀

1—滚轮；2—阀芯；3—弹簧

电磁换向阀包括换向滑阀和电磁铁两部分。电磁铁因其所用电源不同而分为交流电磁铁和直流电磁铁。

交流电磁铁常用电压为 220 V 和 380 V，不需要特殊电源，电磁吸力大，换向时间短（0.01～0.03 s），但换向冲击大、噪声大、发热大，换向频率不能太高（每分钟 30 次左右），寿命较短。若阀芯被卡住或电压低，电磁吸力小衔铁未动作，其线圈很容易烧坏。因而常用于换向平稳性要求不高、换向频率较低的液压系统。

直流电磁铁的工作电压一般为 24 V，其优点是换向平稳、工作可靠、噪声小、发热少、寿命长，允许使用的换向频率可达 120 次/min；缺点是启动力小，换向时间较长（0.05～0.08 s），且需要专门的直流电源，成本较高。因而常用于换向性能要求较高的液压系统。

近年来出现一种自整流型电磁铁。这种电磁铁上附有整流装置和冲击吸收装置，使衔铁的移动由自整流直流电控制，使用很方便。

按衔铁工作腔是否有油液，电磁铁可分为干式和湿式两类。干式电磁铁不允许油液流入电磁铁内部，因此，必须在滑阀和电磁铁之间设置密封装置，而在推杆移动时产生较大的摩擦阻力，也易造成油的泄漏。湿式电磁铁的衔铁和推杆均浸在油液中，运动阻力小，且油还能起到冷却和吸振作用，从而提高了换向的可靠性及使用寿命。

图 3-6（a）所示为二位三通干式交流电磁换向阀。其左边为一交流电磁铁，右边为滑阀。当电磁铁不通电时（图示位置），其油口 P 与连通；当电磁铁通电时，衔铁 1 右移，通过推杆 2 使阀芯 3 推压弹簧 4 并向右移至端部，其油口 P 与 B 连通，而 P 与 A 断开。

图 3-6（c）所示为三位四通湿式直流电磁换向阀。阀的两端各有一个电磁铁和一个对中弹簧。当右端电磁铁通电时，右衔铁 1 通过推杆 2 将阀芯 3 推至左端，阀右位工作，其油口 P 通A，B 通 T；当左端电磁铁通电时，阀左位工作，其阀芯移至右端，油口 P 通 B，A 通 T。

近年来出现了一种电磁球阀，它以电磁力为动力，推动钢球来实现油路的通断和切换。这种阀比电磁滑阀密封性好，反应速度快，使用压力高，适应能力强。其换向时间仅为 0.03～0.05 s，复位时间仅为 0.02～0.03 s，允许的换向频率可达 250 次/min 以上，进口油压力可达 63 MPa，出口油背压可达 20 MPa。用该阀切断油路时是靠钢球压紧在阀座上实现的，因而可实现无泄漏，可用于要求保压的系统。电磁球阀在小流量系统中可直接用于控制主油路，在大流量系统中可作为先导控制元件使用。

目前，国外新发展了一种油浸式电磁铁，其衔铁和激磁线圈均浸在油液中工作，发热很小，寿命很长，但造价较高。

（3）液动换向阀。电磁换向阀布置灵活，易实现程序控制，但受电磁铁尺寸限制，难以用于切换大流量油路。当阀的通径大于 10 mm 时，常用压力油操纵阀芯换位。这种利用控制油路的压力油推动阀芯改变位置的阀，即为液动换向阀。

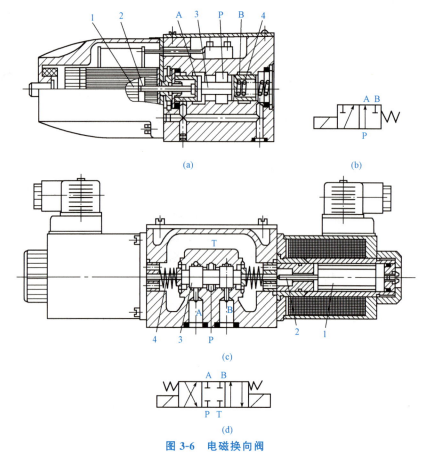

图 3-6 电磁换向阀

（a）、（b）二位三通电磁换向阀；（c）、（d）三位四通电磁换向阀

1—衔铁；2—推杆；3—阀芯；4—弹簧

图 3-7 所示为三位四通液动换向阀。当其两端控制油口 K_1 和 K_2 均不通入液压油时，阀芯在两端弹簧的作用下处于中位；当 K_1 进压力油，K_2 接油箱时，阀芯移至右端，其通油状态为 P 通 A，B 通 T；反之，K_2 进液压油，K_1 接油箱时，阀芯移至左端，其通油状态为 P 通 B，A 通 T。

液动换向阀经常与机动换向阀或电磁换向阀组合成机液换向阀或电液换向阀，实现自动换向或大流量主油路换向。

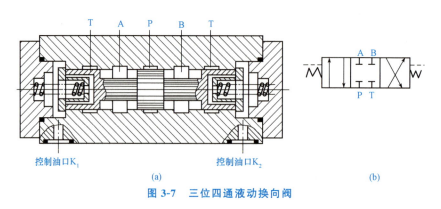

图 3-7 三位四通液动换向阀

（4）电液换向阀。电液换向阀是由电磁换向阀和液动换向阀组成的复合阀。电磁换向阀为先导阀，它用以改变控制油路的方向；液动换向阀为主阀，它用以改变主油路的方向。这种换向阀的优点是可用反应灵敏的小规格电磁换向阀方便地控制大流量的液动换向阀换向。

图 3-8 所示为三位四通电液换向阀的结构简图、图形符号和简化符号。当电磁换向阀的两电磁铁均不通电时（图示位置），电磁阀芯在两端弹簧力作用下处于中位。这时液动换向阀阀芯两端的油经两个小节流阀及电磁换向阀的通路与油箱（T）连通，因而它也在两端弹簧的作用下处于中位，主油路中，A、B、P、T 油口均不相通。当左端电磁铁通电时，电磁阀芯移至右端，由 P 口进入的压力油经电磁阀油路及左端单向阀进入液动换向阀的左端油腔，而液动换向阀右端的油则可经右节流阀及电磁阀上的通道与油箱连通，液动换向阀阀芯即在左端液压推力的作用下移至右端，即液动换向阀左位工作。其主油路的通油状态为 P 通 A，B 通 T。反之，当右端电磁铁通电时，电磁阀芯移至左端，换向阀右端进压力油，左端经左节流阀通油箱，阀芯移至左端，即液动换向阀右位工作。其通油状态为 P 通 B，A 通 T。液动换向阀的换向时间由两端节流阀调整，因而可使换向平稳，无冲击。

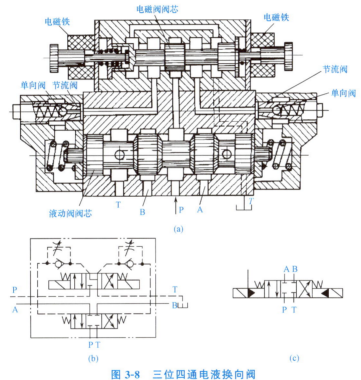

图 3-8 三位四通电液换向阀
（a）结构简图；（b）图形符号；（c）简化符号

若在液动换向阀的两端盖处加调节螺钉，则可调节液动换向阀阀芯移动的行程和各主阀口的开度，从而改变通过主阀的流量，对执行元件起粗略的速度调节作用。

（5）转阀。转阀是利用手动或机动使阀芯转位而改变油流方向的换向阀。图 3-9 所示为三位四通转阀。进油口 P 与阀芯上左环形槽 c 及向左开口的轴向槽 b 相通，回油口 T 与阀芯上右环形槽 a 及向右开口的轴向槽 e、d 相通。在图示位置时，P 经 c、b 与 A 相通，B 经 e、a 与 T 相通。当手柄带阀芯逆时针转 90°时，其油路即变为 P 经 c、b 与 B 相通，A 经 d、a 与 T 相通；当手柄位于上两个位置的中间时，P、A、B、T 各油口均不相通。手柄座上有叉形拨杆 3、4，当挡块拨动拨杆时，可使阀芯转动实现机动换向。

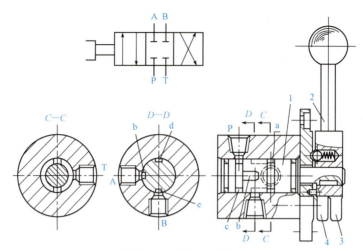

图 3-9　三位四通转阀

1—阀芯；2—手柄；3、4—手柄座叉形拨杆

转阀阀芯上的径向液压力不平衡，转动比较费力，而且密封性较差，一般只用于低压小流量系统，或用作先导阀。

（6）手动换向阀。手动换向阀是用手动杠杆操纵阀芯换位的换向阀。它有自动复位式［图 3-10（a）、(b)］和钢球定位式［图 3-10（c）、(d)］两种。自动复位式可用手操作使其左位或右位工作，但当操纵力取消后，阀芯便在弹簧力作用下自动恢复中位，停止工作。因而适用于动作频繁、工作持续时间短、必须由人操作的场合，如工程机械的液压系统。钢球定位式手动换向阀，其阀芯端部的钢球定位装置可使阀芯分别停止在左、中、右三个不同的位置上，使执行机构工作或停止工作，因而可用于工作持续时间较长的场合。

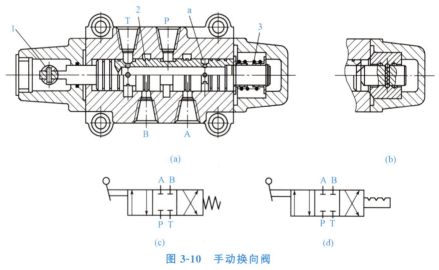

图 3-10　手动换向阀

（a）、(b) 自动复位式；(c)、(d) 钢球定位式

1—手柄；2—阀芯；3—弹簧

（7）多路换向阀。多路换向阀是一种集中布置的组合式手动换向阀，常用于工程机械等要求集中操纵多个执行元件的设备中。按组合方式不同，它有并联式、串联式和顺序单动式三种，其

图形符号如图 3-11 所示。在并联式多路换向阀的油路中，泵可同时向各执行元件供油（这时负载小的执行元件先动作；若负载相同，则执行元件的流量之和等于泵的流量），也可只对其中一个或两个执行元件供油。在串联式多路换向阀的油路中，泵只能依次向各执行元件供油。其第一阀的回油口与第二阀的进油口连通，各执行元件可以单独动作，也可以同时动作。在各执行元件同时动作的情况下，多个负载压力之和不应超过泵的工作压力，但每个执行元件都可以获得高的运动速度。顺序单动式多路换向阀的油路中，泵只能顺序向各执行元件分别供油。操作前一个阀时就切断了后面阀的油路，从而可避免各执行元件动作之间的干扰，并防止其误动作。

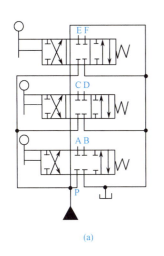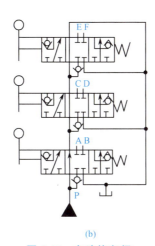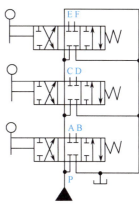

(a)   (b)

图 3-11　多路换向阀

（a）并联式；（b）串联式；（c）顺序式

3. 三位换向阀的中位机能

三位换向阀中位时各油口的连通方式称为它的中位机能。中位机能不同的同规格阀，其阀体通用，但阀芯台肩的结构尺寸不同，内部通油情况不同。

表 3-2 中列出了常用中位机能三位换向阀的结构简图和中位符号。结构简图中为四通阀，若将阀体两端的沉割槽由 T_1 和 T_2 两上回油口分别回油，四通阀即成为五通阀。另外，还有 J、C、K 等多种形式中位机能的三位换向阀，必要时可以在液压设计手册中查找。

三位换向阀中位机能不同，中位时对系统的控制性能也不相同。在分析和选择时，通常要考虑执行元件的换向精度和平稳性要求；是否需要保压或卸荷；是否需要"浮动"或可在任意位置停止等。

动画：三位四通换向阀体 H 型动画

表 3-2　三位四通换向阀的中位机能

机能形式	中间位置的符号	油口的状况及性能特点
O 形	A B P O	P、A、B、O 口全部封闭，液压泵不卸荷，系统保持压力，执行元件闭锁，可用于多个换向阀并联工作
H 形	A B P O	P、A、B、O 口全部连通，液压泵卸荷，执行元件两腔连通，处于浮动状态，在外力作用下可移动

机能形式	中间位置的符号	油口的状况及性能特点
Y形	A B P O	A、B、O口连通，P口封闭，液压泵不卸荷，执行元件两腔连通，处于浮动状态，在外力作用下可移动
P形	A B P O	P、A、B口连通，O口封闭，液压泵与执行元件两腔相通，可以实现液压缸的差动连接
K形	A B P O	P、A、O口连通，B口封闭，液压泵卸荷
M形	A B P O	P、O口连通，A、B口封闭，液压泵卸荷，执行元件处于闭锁状态

（1）换向精度及换向平稳性。中位时通液压缸两腔的 A、B 油口均堵塞（如 O 形、M 形），换向位置精度高，但换向不平稳，有冲击。中位时 A、B、O 油口连通（如 H 形、Y 形），换向平稳，无冲击，但换向时前冲量大，换向位置精度不高。

（2）系统的保压与卸荷。中位时 P 油口堵塞（如 O 形、Y 形），系统保压，液压泵能向多缸系统的其他执行元件供油。中位时 P、O 油口连通时（如 H 形、M 形），系统卸荷，可节省能量消耗，但不能与其他缸并联用。

（3）"浮动"或在任意位置锁住。中位时 A、B 油口连通（如 H 形、Y 形），则卧式液压缸呈"浮动"状态，这时可利用其他机构（如齿轮-齿条机构）移动工作台，调整位置。若中位时 A、B 油口均堵塞（如 O 形、M 形），液压缸可在任意位置停止并被锁住，而不能"浮动"。

4. 换向回路

换向回路的功能是可以改变执行元件的运动方向。一般可采用各种换向阀来实现，在闭式容积高速回路中也可利用双向变量泵实现换向过程。用电磁换向阀来实现执行元件的换向最为方便，其中，采用二位四通、三位四通电磁换向阀控制是较为普遍的换向方法，尤其在自动化程度要求较高的组合机床液压系统中，应用更为广泛。图 3-12 所示为采用二位三通电磁换向阀的单作用缸换向回路。图示位置，电磁铁断电，换向阀右位接入系统，活塞在重力的作用下向下运动；当电磁铁通电时，换向阀左位接入系统，液压油液经换向阀进入液压缸下腔，活塞向上运动。图 3-13 所示为采用二位四通电磁换向阀的换向回路。

微课：换向回路
工作原理

动画：换向回路动画

当电磁铁通电时，压力油经换向阀进入液压缸的左腔，右腔油液经换向阀流回油箱，活塞向右运动；当电磁铁断电时，压力油经换向阀进入液压缸的右腔，左腔油液经换向阀流回油箱，活塞向左运动。

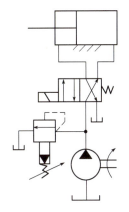

图 3-12　单作用缸换向回路

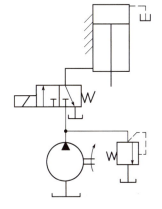

图 3-13　采用二位四通电磁换向阀的换向回路

任务分析

　　分析图 3-1 所示的任务可知，只要使液压油进入驱动工作台运动的液压缸的不同工作腔，就能使液压缸带动工作台完成往复运动。这种能够使液压油进入不同的液压缸工作油腔，从而实现液压缸不同的运动方向的元件被称为换向阀。换向阀是如何改变和控制液压传动系统中油液流动的方向、油路的接通和关闭，从而改变液压系统的工作状态的呢？平面磨床工作台在工作时，需要自动地完成往复运动，液压泵由电动机驱动后，从油箱中吸油，油液经滤油器进入液压泵，油液在泵腔中从入口低压到泵出口高压，通过溢流阀、节流阀、换向阀进入液压缸左腔或右腔，推动活塞使工作台向右或向左移动。

　　在液压机液压系统所示任务中，液压系统对执行机构的来回运动过程中停止位置要求较高，其本质就是对执行机构进行锁紧，使之不动，这种起锁紧作用的回路被称为锁紧回路。为了保证中位锁紧可靠，换向阀宜采用 H 形或 Y 形。由于液控单向阀的密封性能很好，从而能使执行元件长期锁紧。

任务实施

　　经过学习前面的内容和任务分析，将设计的换向回路画入下面的框，并标注出元件的名称。

　　（1）将上面的换向回路和液控锁紧回路利用 FluidSIM 仿真软件进行仿真，验证设计的正确性。

　　（2）在液压实训台上搭接回路并运行。

任务评价

考核标准							
班级		组名			日期		
考核项目名称							
考核项目	具体说明			分值	教师	组	自评
讲解系统组成工作原理	系统组成，内容完整，讲解正确			10			
	工作原理、工作过程完整，原理表述正确			10			
回路设计	能正确使用仿真软件绘制回路			10			
	能利用软件实现液压回路仿真			10			
回路安装、调试	能按照设计图正确安装液压回路			10			
	操作步骤及要求表述正确			10			
	操作步骤正确，调节控制合理			10			
	故障诊断现象分析正确			10			
	排除方法正确，操作合理			5			
	操作规范，团队协作，按照7S管理			5			
元件的英文名称	表述正确			10			
成绩评定	教师70％＋其他组20％＋自评10％						

任务 3.2 　压力控制回路组建和调试

任务描述

　　液压机在工作时需要克服很大的材料变形阻力，这就需要液压系统主供油回路中的液压油提供稳定的工作压力，同时为了保证系统安全，还必须保证系统过载时能有效地卸荷。那么，在液压传动系统中依靠什么元件来实现这一目的？这些元件又是如何工作的呢？

任务目标

　　1. 认识各压力控制阀的结构、工作原理及图形符号。
　　2. 掌握溢流阀、减压阀、顺序阀、压力继电器等压力控制阀的工作过程、性能特征及应用。
　　3. 能够在团队合作的过程中分析设计简单压力控制回路系统，并调试安装。

　　在液压系统中，控制液体压力的阀（溢流阀、减压阀等）和控制执行元件或电气元件等在某一调定压力下产生动作的阀（顺序阀、压力继电器等），统称为压力控制阀。这类阀的共同特点是，利用作用于阀芯上的液体压力和弹簧力相平衡的原理来进行工作。

3.2.1 溢流阀和调压回路

3.2.1.1 溢流阀的结构及工作原理

常用的溢流阀有直动式和先导式两种。

1. 直动式溢流阀。

直动式溢流阀是依靠系统中的压力油直接作用在阀芯上与弹簧力相平衡，以控制阀芯的启闭动作的溢流阀。图 3-14 所示为一低压直动式溢流阀。进油口 P 的压力油经阀芯 3 上的阻尼孔 a 通入阀芯底部，当进油压力较小时，阀芯在弹簧 2 的作用下处于下端位置，将进油口 P 与油箱连通的出油口 T 隔开，即不溢流。当进油压力升高，阀芯所受的油压推力超过弹簧的压紧力 F_s 时，阀芯抬起，将油口 P 和 T 连通，使多余的油液排回油箱，即溢流。阻尼孔 a 的作用是减小油压的脉动，提高阀工作的平稳性。弹簧的压紧力可通过调整螺母 1 调整。

当通过溢流阀的流量变化时，阀口的开度也随之发生改变，但在弹簧压紧力 F_s 调好以后，作用于阀芯上的液压力 $p = F_s / A$（A 为阀芯的有效作用面积）。因而，当不考虑阀芯自重、摩擦力和液动力的影响时，可以认为溢流阀进口处的压力 p 基本保持为定值。故调整弹簧的压紧力 F_s，也就调整了溢流阀的工作压力 p。

当用直动式溢流阀控制较高压力或较大流量时，需用刚度较大的硬弹簧，结构尺寸也将较大，调节困难，油的压力和流量的波动也较大。因此，直动式溢流阀一般只用于低压小流量系统，或作为先导阀使用。图 3-14 所示的低压直动式溢流阀也常作为先导式溢流阀的先导阀使用。中、高压系统常采用先导式溢流阀。

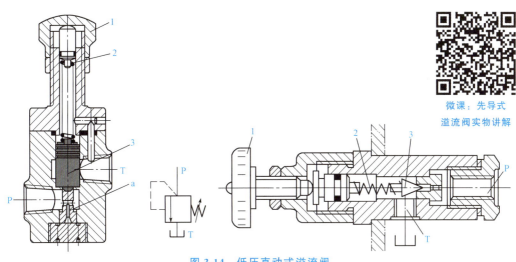

图 3-14　低压直动式溢流阀

1—调整螺母；2—弹簧；3—阀芯；p—进油口；a—阻尼孔；T—出油口

2. 先导式溢流阀

先导式溢流阀由先导阀和主阀两部分组成。图 3-15 和图 3-16 分别为高压、中压先导式溢流阀的结构简图。其先导阀是一个小规格锥阀芯直动式溢流阀，其主阀芯 5 上开有阻尼孔 e。在它们的阀体上还加工了孔道 a、b、c、d。

油液从进油口 P 进入，经阻尼孔 e 及孔道 c 到达先导阀的进油腔（在一般情况下，外控口 K 是堵塞的）。当进油口压力低于先导阀弹簧调定压力时，先导阀关闭，阀内无油液流动，主阀芯上、下腔油压相等，因而它被主阀弹簧抵在主阀下端，主阀关闭，阀不溢流。当进油口 P 的压力升高时，先导阀进

油腔油压也升高，直至达到先导阀弹簧的调定压力时，先导阀被打开，主阀芯 5 上腔的油液经先导阀口及阀体上的孔道 a，由出油口 T 流回油箱。主阀芯下腔油液则经阻尼孔 e 流动，由于孔阻尼大，主阀芯两端产生压力差，主阀芯 5 便在此压差作用下克服其弹簧力上抬，主阀进、回油口连通，达到溢流和稳压的目的。调节先导阀的手轮，便可调整溢流阀的工作压力。更换先导阀的弹簧（刚度不同的弹簧），便可得到不同的调压范围。

　　这种结构的阀，其主阀芯是利用压差作用开启的，主阀芯弹簧很弱小，因而即使压力较高，流量较大，其结构尺寸仍较紧凑、小巧，且压力和流量的波动也比直动式小。但其灵敏度不如直动式溢流阀。联邦德国力士乐公司 DB 型先导溢流阀和美国丹尼逊公司的先导式溢流阀均属于此类溢流阀。前者的特点是在先导阀和主阀上腔处增加了两个阻尼孔，从而提高了阀的稳定性；后者的特点是在先导锥阀芯前增加了导向柱塞、导向套和消振垫，使先导锥阀芯开启和关闭时既不歪斜，又不偏摆振动，明显提高了阀工作的平稳性。

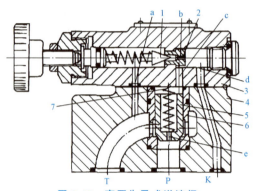

图 3-15　高压先导式溢流阀

1—先导阀阀芯；2—先导阀座；3—先导阀体；
4—主阀体；5—主阀芯；6—主阀套；7—主阀弹簧
a～d—孔道；e—阻尼孔；P—进油口；T—出油口；K—远程控制口

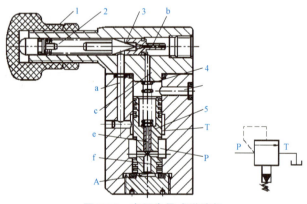

图 3-16　中压先导式溢流阀

1—调节螺母；2—调压弹簧；3—先导阀阀芯；4—主阀弹簧；5—主阀芯
a～d—孔道；e—孔道；阻尼孔；P—进油口；T—出油口；K—远程控制口

3.2.1.2　溢流阀的静态特性

　　溢流阀是液压系统中极为重要的控制元件，其工作性能的优劣对液压系统的工作性能影响很大。溢流阀的静态特性是指溢流阀在稳定工作状态下（系统压力没有突变时）的压力-流量特性、启闭特性、压力稳定性及卸荷压力等。

1. 压力-流量特性（*p*-*q* 特性）

压力-流量特性又称溢流特性，它表示溢流阀在某一调定压力下工作时，其溢流量的变化与阀进口实际压力之间的关系。图 3-17（a）所示为直动式和先导式溢流阀的压力-流量特性曲线。图中，横坐标为溢流量 q，纵坐标为阀进油口压力 p。溢流量为额定值 q_n 时所对应的压力 p_n 称为溢流阀的调定压力。溢流阀刚开启时（溢流量为额定溢流量的 1% 时），阀进口的压力 p_0 称为开启压力。调定压力 p_n 与开启压力 p_0 的差值称为调压偏差，也即溢流量变化时溢流阀工作压力的变化范围。调压偏差越小，其性能越好。由图 3-17（a）可见，先导式溢流阀的特性曲线比较平缓，调压偏差也小，故其性能比直动式溢流阀好。因此，先导式溢流阀宜用于系统溢流稳压，直动式溢流阀因灵敏度高，宜用作安全阀。

2. 启闭特性

溢流阀的启闭特性是指溢流阀从刚开启到通过额定流量（也称全流量），再由全流量到闭合（溢流量减小为额定值的 1% 以下）整个过程中的压力-流量特性。

溢流阀闭合时的压力 p_K 称为闭合压力。闭合压力 p_K 与调定压力 p_n 之比称为闭合比。开启压力 p_0 与调定压力 p_n 之比称为开启比。由于阀开启时阀芯所受的摩擦力与进油压力方向相反，而闭合时阀芯所受的摩擦力与进油压力方向相同，因此，在相同的溢流量下，开启压力大于闭合压力。图 3-17（b）所示为溢流阀的启闭特性。图中，横坐标为溢流阀进油口的控制压力，纵坐标为溢流阀的溢流量，实线为开启曲线，虚线为闭合曲线。由图可见，这两条曲线不重合。在某溢流量下，两曲线压力坐标的差值称为不灵敏区。因压力在此范围内变化时，阀的开度无变化，它的存在相当于加大了调压偏差，且加剧了压力波动。因此，该差值越小，阀的启闭特性越好。由图中的两组曲线可知，先导式溢流阀的不灵敏区比直动式溢流阀不灵敏区小一些。为保证溢流阀具有良好的静态特性，一般规定其开启比不应小于 90%，闭合比不应小于 85%。

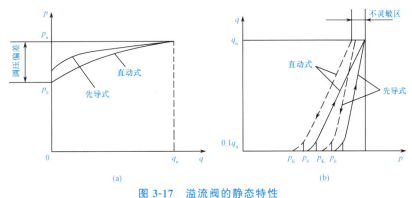

图 3-17　溢流阀的静态特性

（a）压力-流量特性；（b）启闭特性

3. 压力稳定性

溢流阀工作压力的稳定性由两个指标来衡量：一是在额定流量 q_n 和额定压力 p_n 下，其进口压力在一定时间（一般为 3 min）内的偏移值；二是在整个调压范围内，通过额定流量 q_n 时进口压力的振摆值。对于中压溢流阀，这两项指标均不应大于 ±0.2 MPa。如果溢流阀的压力稳定性差，就会出现剧烈的振动和噪声。

4. 卸荷压力

将溢流阀的外控口 K 与油箱连通时，其主阀阀口开度最大，液压泵卸荷。这时溢流阀进出油口的压力差，称为卸荷压力。卸荷压力越小，油液通过阀口时的能量损失就越小，发热也越小，说明阀的性能越好。

3.2.1.3 溢流阀应用及调压回路

溢流阀的作用是使液压系统整体或部分的压力保持恒定或不超过某个数值。

1. 单级调压回路

（1）溢流阀接在定量泵的出口，起溢流定压作用，压力由溢流阀的调压弹簧调定，如图 3-18（a）所示。

（2）溢流阀接在变量泵的出口，作为安全阀使用，起限压安全作用，如图 3-18（b）所示。

（3）利用先导式溢流阀的远程控制口使泵卸荷，如图 3-18（c）所示。

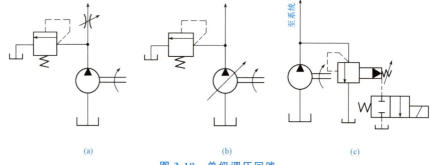

(a)　　　　　　　(b)　　　　　　　(c)

图 3-18　单级调压回路

(a) 溢流定压；(b) 作为安全阀；(c) 作为卸荷阀

2. 二级调压回路

系统获得两个调定压力。如图 3-19 所示，若阀 1 的调定压力为 5 MPa，阀 2 的调定压力为 3 MPa，则电磁铁 YA 不通电时，换向阀处在左位，系统压力由阀 1 调定；反之，电磁铁 YA 通电时，换向阀处在右位，系统压力由阀 2 调定。

3. 多级调压回路

在多级调压回路中，系统获得多个调定压力。图 3-20 所示为三级调压回路。当两个电磁铁均不通电时，系统压力由阀 1 调定；当 1YA 通电时，系统压力由阀 2 调定；当 2YA 通电时，系统压力由阀 3 调定。回路中阀 2 和阀 3 的调定压力要低于阀 1 的调定压力。

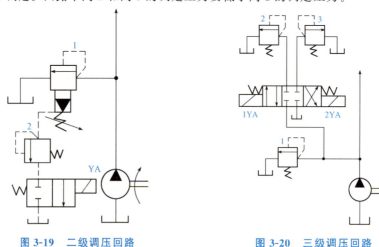

图 3-19　二级调压回路　　　　　　**图 3-20　三级调压回路**

4. 比例调压回路

调节先导式比例电磁溢流阀的输入电流，即可实现系统压力的无级调节，如图 3-21 所示。

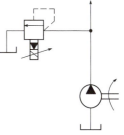

3.2.2　减压阀和减压回路

减压阀是利用油液流过缝隙时产生压降的原理，使系统某一支油路获得比系统压力低而平稳的压力油的液压控制阀。减压阀也有直动式和先导式两种。直动式很少单独使用，先导式应用较多。

图 3-21　比例调压回路

1. 减压阀的结构及工作原理

图 3-22（a）所示为先导式减压阀，它由先导阀与主阀组成。油压为 p_1 的压力油，由主阀的进油口流入，经减压阀口 h 后由出油口流出，其压力为 p_2。出口油液经主阀体 7 和下阀盖 8 上的孔道 a、b 及主阀芯 6 上的阻尼孔 c 流入主阀芯上腔 d 及先导阀右腔 e。当出口压力 p_2 低于先导阀弹簧 3 的调定压力时，先导阀呈关闭状态，主阀芯 6 上、下腔油压相等，它在主阀弹簧力作用下处于最下端位置（图示位置）。这时减压阀口 h 开度最大，不起减压作用，其进、出口油压基本相等。当 p_2 达到先导阀弹簧调定压力时，先导阀开启，主阀芯上腔油液经先导阀流回油箱，下腔油液经阻尼孔向上流动，使阀芯两端产生压力差。主阀芯在此压差作用下向上抬起关小减压阀口 h，阀口压降 Δp 增加。由于出口压力为调定压力 p_2，因而其进口压力 p_1 的值会升高，即 $p_1 = p_2 + \Delta p$（或 $p_2 = p_1 - \Delta p$），阀起到了减压作用。这时若由于负载增大或进口压力向上波动而使 p_2 增大，在 p_2 大于弹簧调定值的瞬时，主阀芯立即上移，使减压开口 h 迅速减小，Δp 进一步增大，出口压力 p_2 便自动下降，仍恢复为原来的调定值。由此可见，减压阀能利用出口压力的反馈作用，自动控制阀口开度，保证出口压力基本上为弹簧调定的压力 [图 3-22（b）所示为减压阀的图形符号]，因此，它也被称为定值减压阀。

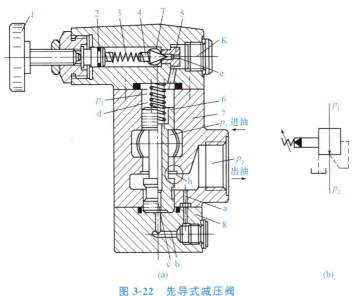

图 3-22　先导式减压阀
（a）结构；（b）图形符号

1—调压手轮；2—密封圈；3—弹簧；4—先导阀芯；5—阀座；6—主阀芯；7—主阀体；8—下阀盖；
a、b—孔道；c—阻尼孔；d—主阀芯上腔；e—先导阀右腔；h—减压阀口；K—外控口

减压阀的阀口为常开型，其泄油口必须由单独设置的油管通往油箱，且泄油管不能插入油箱液面以下，以免造成背压，使泄油不畅，影响阀的正常工作。

当阀的外控口 K 接一远程调压阀，且远程调压阀的调定压力低于减压阀的调定压力时，可以实现二级减压。

2. 减压阀的应用及减压回路

减压回路的功用是使系统中的某一部分油路具有低于主油路的稳定压力。最常见的减压回路采用定值减压阀与主油路相连，如图 3-23（a）所示。回路中的单向阀用于防止油液倒流，起短时保压的作用。减压回路中也可以采用类似二级或多级调压的方式获得二级或多级减压，图 3-23（b）所示为利用先导式减压阀 7 的远程控制口连接溢流阀 8，可由减压阀 7、溢流阀 8 各调定一种低压。但要注意，溢流阀 8 的调定压力值一定要低于减压阀 7 的调定压力值。

为了使减压回路工作可靠，减压阀的最低调整压力应不小于 0.5 MPa，最高调整压力至少应比系统压力低 0.5 MPa。当减压回路中的执行元件需要调速时，调速元件应放在减压阀的后面，以避免减压阀泄漏对执行元件的速度产生影响。

微课：减压回路工作原理

动画：减压回路动画

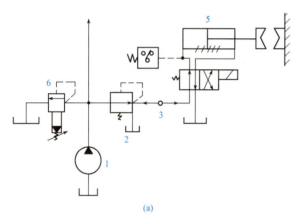
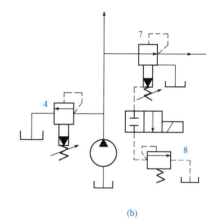

(a)　　　　　　　　　　　　　　　(b)

图 3-23　减压回路

（a）一级减压回路；（b）二级减压回路

1—液压泵；2、7—减压阀；3—单向阀；4、6、8—溢流阀；5—液压缸

3.2.3　顺序阀和顺序回路

顺序阀是利用油路中压力的变化控制阀口启闭，以实现执行元件顺序动作的液压元件。其结构与溢流阀类似，也分为直动式和先导式两种，一般先导式用于压力较高的场合。

1. 顺序阀的结构及工作原理

图 3-24（a）所示为直动式顺序阀的结构图。它由螺堵 1、下阀盖 2、控制活塞 3、阀体 4、阀芯 5、弹簧 6 等零件组成。当其进油口的油压低于弹簧 6 的调定压力时，控制活塞 3 下端的油液向上的推力小，阀芯 5 处于最下端位置，阀口关闭，油液不能通过顺序阀流出。当进油口油压达到弹簧调定压力时，阀芯 5 抬起，阀口开启，压力油即可从顺序阀的出口流出，使阀后的油路工作。这种顺序阀利用其进油口压力控制，称为普通顺序阀（也称为内控式顺序阀），其图形符号如图 3-24（b）所示。由于阀出油口接压力油路，因此，其上端弹簧处的泄油口必须另接一油管通油箱。这种连接方式称为外泄。

微课：先导式液控顺序阀实物讲解

动画：顺序阀动画

若将下阀盖 2 相对于阀体转过 90°或 180°，将螺堵 1 拆下，在该处接控制油管并通入控制油，则阀的启闭便可由外供控制油控制。这时即成为液控顺序阀，其图形符号如图 3-24（c）所示。若再将上阀盖 7 转过 180°，使泄油口处的小孔 a 与阀体上的小孔 b 连通，将泄油口用螺堵封住，并使顺序阀的出油口与油箱连通，则顺序阀就成为卸荷阀。其泄漏油可由阀的出油口流回油箱，这种连接方式称为内泄。卸荷阀的图形符号如图 3-24（d）所示。

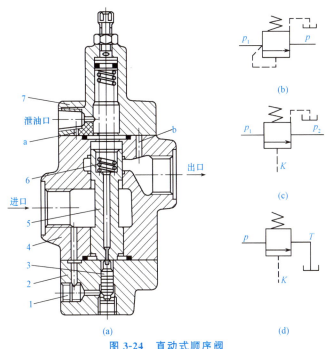

图 3-24　直动式顺序阀

(a) 结构；(b) 普通顺序阀的图形符号；(c) 液控顺序阀的图形符号；(d) 卸荷阀的图形符号；

1—螺堵；2—下阀盖；3—控制活塞；4—阀体；5—阀芯；6—弹簧；7—上阀盖

顺序阀常与单向阀组合成单向顺序阀、液控单向阀等使用。直动式顺序阀设置控制活塞的目的是缩小阀芯受油压作用的面积，以便采用较软的弹簧来提高阀的压力-流量特性。直动式顺序阀的最大工作压力一般在 8 MPa 以下。先导式顺序阀的主阀弹簧的刚度可以很小，故可省去阀芯下面的控制柱塞，不仅启闭特性好，且工作压力可大大提高。

2. 顺序阀应用和顺序回路

顺序回路的作用是使几个执行元件按照预定顺序依次进行动作。

顺序阀用于控制顺序动作，图 3-25 所示为顺序阀控制的动作回路。当换向阀左位接入回路且顺序阀 3 的调定压力大于液压缸活塞伸出最大工作压力时，顺序阀 3 关闭，压力油进入液压缸 1 的左腔，液压缸 A 的右腔经顺序阀 2 的单向阀回油，实现动作①；当液压缸 A 的伸出行程结束到达终点后，压力升高，压力油打开顺序阀 3 进入液压缸 B 的左腔，液压缸 B 的右腔回油，实现动作②；同理，当换向阀右位接入回路且顺序阀 2 的调定压力大于液压缸活塞缩回最大供油压力时，顺序阀 2 关闭，压力油进入液压缸 B 的右腔，液压缸 B 的左腔经顺序阀 3 的单向阀回油，实现动作③；当液压缸 B 的缩回行程结束到达终点后，压力升高，压力油打开顺序阀 2 进入液压缸 A 的右腔，液压缸 A 的左腔回油，实现动作④。为了保证顺序动作的可靠性，顺序阀的压力调定值应比

微课：平衡回路工作原理

微课：顺序动作回路工作原理

动画：用顺序阀控制的顺序动作回路动画

前一个动作的最大工作压力高出 0.8～1.0 MPa，以免系统中的压力波动使顺序阀出现误动作，所以，这种回路只适用于油缸数目不多且阻力变化不大的场合。

顺序阀控制的平衡回路如图 3-26 所示，根据用途，要求顺序阀的调定压力应稍大于工件部件的自重在液压缸下腔形成的压力，当换向阀处于中位，液压缸不工作时，顺序阀关闭，工作部件不会自行下滑。当换向阀左位工作，液压缸上腔通压力油，下腔的背压大于顺序阀的调定压力时，顺序阀开启，活塞与运动部件下行，由于自重得到平衡，故不会产生超速现象。当换向阀右位工作时，压力油经过单向阀进入液压缸的下腔，液压缸上腔回油，活塞及工作部件上行。这种回路采用 M 形中位机能换向阀，可使液压缸停止工作时，液压缸上、下腔油被封闭，从而有助于锁紧工作部件。另外，还可以使泵卸荷，以减少能耗。顺序阀主要用于工作部件质量不变或者质量较小的系统，如立式组合机床、插床和锻压机床的液压系统中皆有应用。

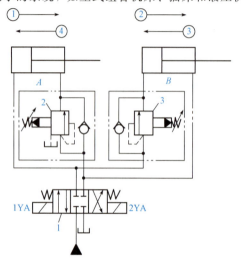

图 3-25　顺序阀用于控制顺序动作
1—三位四通电磁换向阀；2，3—顺序阀

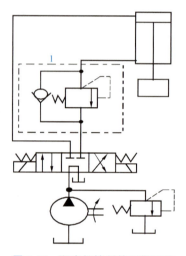

图 3-26　顺序阀控制的平衡回路

3.2.4　压力继电器和顺序回路

压力继电器是使油液压力达到预定值时发出电信号的液-电信号转换元件。当其进油口压力达到弹簧的调定值时，能自动接通或断开电路，使电磁铁、继电器、电动机等电气元件通电运转或停止工作，以实现对液压系统工作程序的控制、安全保护或动作的联动等。

动画：压力继电器动画

1. 压力继电器的工作原理

图 3-27 所示为膜片式压力继电器。当控制油口 K 的压力达到弹簧 7 的调定值时，膜片 1 在液压力的作用下产生中凸变形，使柱塞 2 向上移动。柱塞上的圆锥面使钢球 5 和 6 做径向运动，钢球 6 推动杠杆 10 绕销轴 9 逆时针偏转，致使其端部压下微动开关 11，发出电信号，接通或断开某一电路。当进口压力因漏油或其他原因下降到一定值时，弹簧 7 使柱塞 2 下移，钢球 5 和 6 又回落柱塞的锥面槽，微动开关 11 复位，切断电信号，并将杠杆 10 推回，断开或接通电路。

压力继电器发出电信号的最低压力和最高压力间的范围称为调压范围。拧动调压螺钉 8 即可调整其工作压力。压力继电器发出电信号时的压力称为开启压力；切断电信号时的压力称为闭合压力。由于开启时摩擦力的方向与油压的方向相反，闭合时则相同，故开启压力大于闭合压力。两者之差称为压力继电器通断返回区间，它应有足够大的数值。否则，当系统压力脉动时，压力继电器发出的电信号会时断时续。返回区间可用调节螺钉 4 调节弹簧 3 对钢球 6 的压力来调整。中压系统中使用的压力继电器的返回区间一般为 0.35～0.8 MPa。

膜片式压力继电器的优点是膜片位移小、反应快、重复精度高；其缺点是易受压力波动的影响，不宜用于高压系统，常用于中、低压液压系统。高压系统中常使用单触点柱塞式压力继电器。

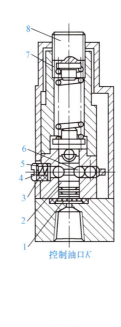

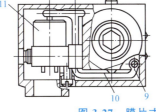

图 3-27　膜片式压力继电器

1—膜片；2—柱塞；3、7—弹簧；4—调节螺钉；5、6—钢球；
8—调压螺钉；9—销轴；10—杠杆；11—微动开关

2. 压力继电器的顺序动作回路

压力继电器控制的顺序动作回路如图 3-28 所示，液压泵向液压缸供油，按下启动按钮，1YA 得电，阀 1 左位工作，液压缸 7 的活塞向右移动，实现动作①；到右端后，液压缸 7 左腔压力上升，达到压力继电器 3 的调定压力时发讯，1YA 断电，3YA 得电，三位四通换向阀 2 左位工作，压力油进入液压缸 8 的左腔，其活塞右移，实现动作②；到行程端点后，液压缸 8 左腔压力上升，达到压力继电器 5 的调定压力时发讯，3YA 断电，4YA 得电，三位四通换向阀 2 右位工作，压力油进入液压缸 8 的右腔，其活塞左移，实现动作③；到行程端点后，

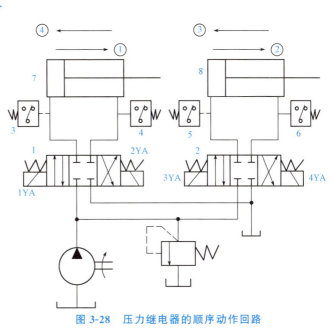

图 3-28　压力继电器的顺序动作回路

1、2—三位四通换向阀；3～6—压力继电器；7、8—液压缸

液压缸8右腔压力上升，达到压力继电器6的调定压力时发讯，4YA断电，2YA得电，三位四通换向阀1右位工作，液压缸7的活塞向左退回，实现动作④。到左端后，液压缸7右端压力上升，达到压力继电器4的调定压力时发讯，2YA断电，1YA得电，三位四通换向阀1左位工作，压力油进入液压缸7左腔，自动重复上述动作循环，直到按下停止按钮为止。

任务分析

(1) 液压式压锻机在工作时需克服很大的材料变形阻力，这就需要液压系统主供油回路中的液压油提供稳定的工作压力，同时为了保证系统安全，还必须保证系统过载时能有效地卸荷。那么，在液压传动系统中是依靠什么元件来实现这一目的？这些元件又是如何工作的呢？

(2) 图3-29所示为液压钻床工作示意，钻头的进给和工件的夹紧都是由液压系统来控制的。由于加工的工件不同，加工时所需的夹紧力也不同，所以，工作时液压缸A的夹紧力必须能够固定为不同的压力值，同时为了保证安全，液压缸B必须在液压缸A的夹紧力达到规定值时才能推动钻头进给。要达到这一要求，系统中应采用什么样的液压元件来控制这些动作？它们又是如何工作的？

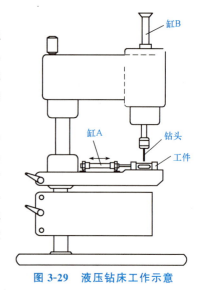

图3-29　液压钻床工作示意

任务实施

经过学习前面的内容和任务分析，将设计的压力回路画入下面的框，并标注出元件的名称。

(1) 将上面的压力回路利用FluidSIM仿真软件进行仿真，验证设计的正确性。

(2) 在液压实训台上搭接回路并运行。

任务评价

考核标准						
班级		组名			日期	
考核项目名称						
考核项目	具体说明		分值	教师	组	自评
讲解系统组成工作原理	系统组成，内容完整，讲解正确		10			
	工作原理、工作过程完整，原理表述正确		10			

考核项目	具体说明	分值	教师	组	自评
回路设计	能够正确使用仿真软件绘制回路	10			
	能够利用软件实现液压回路仿真	10			
回路安装、调试	能够按照设计图正确安装液压回路	10			
	操作步骤及要求表述正确	10			
	操作步骤正确，调节控制合理	10			
	故障诊断现象分析正确	10			
	排除方法正确，操作合理	5			
	操作规范，团队协作，按照7S管理	5			
元件的英文名称	表述正确	10			
成绩评定	教师70%＋其他组20%＋自评10%				

任务3.3 速度控制回路组建和调试

任务描述

在压力机液压传动系统中，执行件的运动速度必须按照设计要求设计，比较典型的工作循环是"快进→工进→快退→停止"。那么在液压传动系统中依靠什么元件来实现这一目的？这些元件又是如何工作的呢？

任务目标

1. 掌握液压流量控制元件的符号、结构及功能。

2. 能够分析流量回路的组成和功能。

3. 能够在团队合作的过程中设计搭建简单的节流调速回路，并仿真调试回路；

流量控制阀是通过改变阀口过流面积来调节通过阀口流量，从而控制执行元件运动速度的控制阀。流量控制阀主要有节流阀、调速阀和同步阀等。

3.3.1 节流阀和调速阀

1. 节流阀的结构及工作原理

图3-30所示为普通节流阀。它的节流油口为轴向三角槽式。压力油从进油口 P_1 流入，经阀芯左端的轴向三角槽后由出油口 P_2 流出。阀芯1在弹簧力的作用下始终紧贴在推杆2的端部。旋转手轮3，可以使推杆沿轴向移动，改变节流口的通流截面面积，从而调节通过节流阀的流量。

动画：节流阀动画

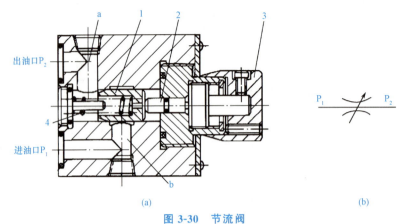

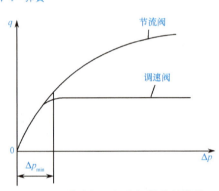

图 3-30　节流阀

1—阀芯；2—推杆；3—手轮；4—弹簧

节流阀输出流量的平稳性与节流口的结构形式有关。节流口除轴向三角槽式之外，还有偏心式、针阀式、周向缝隙式、轴向缝隙式等。节流阀的流量特性可用小孔流量通用公式 $q = KA_T \Delta p^m$ 来描述，其特性曲线如图 3-31 所示。由于液压缸的负载经常发生变化，节流阀前后的压差 Δp 为变值，因而在阀开口面积 A_T 一定时，通过阀口的流量 q 是变化的，执行元件的运动速度也就不平稳。

节流阀结构简单，制造容易，体积小，使用方便，造价低。但负载和温度的变化对流量稳定性的

图 3-31　节流阀和调速阀的特性曲线

影响较大，因此，只适用于负载和温度变化不大或速度稳定性要求较低的液压系统。

节流阀能正常工作（不断流，且流量变化率不大于 10％）的最小流量限制值，称为节流阀的最小稳定流量。轴向三角槽式节流口的最小稳定流量为 30～50 mL/min，薄刃孔可为 15 mL/min。它影响液压缸或液压马达的最低速度值，设计和使用液压系统时应予以考虑。

2. 调速阀的结构及工作原理

调速阀是由定差减压阀与节流阀串联而成的组合阀。节流阀用来调节通过的流量，定差减压阀则自动补偿负载变化的影响，使节流阀前后的压差为定值，消除了负载变化对流量的影响。

图 3-32 （a）、（b）、（c）所示分别为调速阀的工作原理、图形符号和简化符号。图中减压阀阀芯 1 与节流阀 2 串联。若减压阀进口压力为 p_1，出口压力为 p_2，节流阀出口压力为 p_3，则减压阀 a 腔、b 腔油压为 p_2，c 腔油压为 p_3。若减压阀 a、b、c 腔有效工作面积分别为 A_1、A_2、A，则 $A = A_1 + A_2$。节流阀出口的压力 p_3 由液压缸的负载决定。

动画：调速阀动画

当减压阀阀芯在其弹簧力 F_s、油液压力 p_2 和 p_3 的作用下处于某一平衡位置时，则有

$$p_2 A_1 + p_2 A_2 = p_3 A + F_s$$

即

$$p_2 - p_3 = \frac{F_s}{A}$$

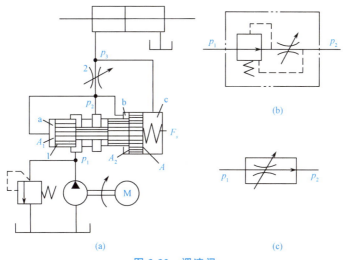

图 3-32　调速阀

（a）工作原理；（b）图形符号；（c）简化符号

1—减压阀阀芯；2—节流阀

由于弹簧刚度较低，且工作过程中减压阀阀芯位移很小，可以认为 F_s 基本不变。故节流阀两端的压差 $\Delta p = p_2 - p_3$ 也基本保持不变。因此，当节流阀通流面积 A_T 不变时，通过它的流量 q（$q = KA_T\Delta p^m$）为定值。也就是说，无论负载如何变化，只要节流阀通流面积不变，液压缸的速度也会保持恒定值。例如，当负载增加，使 p_3 增大的瞬间，减压阀右腔推力增大，其阀芯左移，阀口开大，阀口液阻减小，使 p_2 也增大，p_2 与 p_3 的差值 $\Delta p = F_s/A$ 却不变。当负载减小，使 p_3 减小时，减压阀阀芯右移，p_2 也减小，其差值也不变。因此，调速阀适用于负载变化较大、速度平稳性要求较高的液压系统。例如，各类组合机床、车床、铣床等设备的液压系统常用调速阀调速。

当调速阀的出口堵住时，其节流阀两端压力相等，减压阀阀芯在弹簧力的作用下移至最左端，阀开口最大。因此，当将调速阀出口迅速打开时，因减压阀阀口来不及关小，无法起到减压作用，会使瞬时流量增加，使液压缸产生前冲现象。为此，有的调速阀在减压阀体上装有能调节减压阀芯行程的限位器，以限制和减小这种启动时的冲击。

调速阀的流量特性如图 3-31 所示。由图可见，当其前后压差大于最小值 $\Delta p_{\min}$ 以后，其流量稳定不变（特性曲线为一水平直线）。当其压差小于 $\Delta p_{\min}$ 时，由于减压阀未起作用，故其特性曲线与节流阀特性曲线重合。所以，在设计液压系统时，分配给调速阀的压差应略大于 $\Delta p_{\min}$。调速阀的最小压差约为 1 MPa（中低压阀为 0.5 MPa）。

对速度稳定性要求高的液压系统，需要采用温度补偿调速阀。这种阀中采用热膨胀系数大的聚氯乙烯塑料推杆，当温度升高时，其受热伸长使阀口关小，以补偿因油变稀、流量变大造成的流量增加，维持其流量基本不变。

3.3.2　速度控制回路

速度控制回路主要是控制液压系统中执行元件的速度和变换，它包括调速回路、快速运动回路和速度换接回路等。速度控制回路是液压系统的核心，其他回路往往围绕着速度调节来进行选配，因而其工作性能和质量对整个系统起着决定性的作用。

3.3.2.1 调速回路

调速回路用来调节执行元件的运动速度。在不考虑泄漏及液压油可压缩性的情况下，执行元件中液压缸的速度表达式为 $v = \dfrac{q_v}{A_c}$；液压马达的速度表达式为 $n = \dfrac{q_v}{V_M}$。从式中可以看出，改变输入执行元件的流量、液压缸的有效工作面积或液压马达的排量都可达到调速的目的。对液压缸而言，其有效工作面积在工作中一般是无法改变的，改变排量对于变量液压马达很容易实现，而用得最普遍的还是改变输入执行元件的流量。因此，目前液压系统的调速方式有以下三种。

（1）节流调速。用定量泵供油，由流量控制阀（简称流量阀）改变输入执行元件的流量来调节速度。

（2）容积调速。通过改变变量泵或（和）变量马达的排量来调节速度。

（3）容积节流调速。用能自动改变流量的变量泵与流量控制阀联合来调节速度。

下面主要讨论节流调速回路和容积调速回路。

1. 节流调速回路

节流调速回路是利用流量阀控制流入或流出液压执行元件的流量来实现对执行元件速度的调节。根据流量阀在回路中的位置不同，节流调速回路可分为进口节流调速、出口节流调速和旁路节流调速三种基本回路（图3-33）。

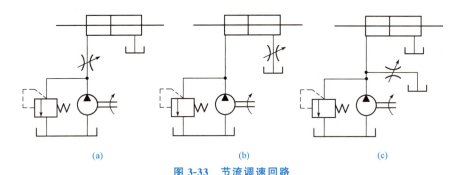

图 3-33 节流调速回路

（a）进口节流调速；（b）出口节流调速；（c）旁路节流调速

（1）进口节流调速回路，如图 3-33（a）所示，该回路是把流量阀安装在液压缸进口油路上，调节流量阀阀口的大小，便可以控制进入液压缸的流量，从而达到调速的目的，来自定量泵多余的流量经溢流阀返回油箱，泵始终是在溢流阀的设定压力下工作。此回路一般用于低速、轻载且负载变化小的液压系统。

（2）出口节流调速回路，如图 3-33（b）所示，该回路是把节流阀安装在液压缸出口油路上，调节节流阀阀口的大小，便可以控制流出液压缸的流量，也就控制了进入液压缸的流量，从而达到调速的目的。来自泵的供油流量中，除液压缸所需流量外，多余的流量经过溢流阀返回油箱。与进口节流调速相比，出口节流调速回路有较大的背压，运动平稳性好；油液通过节流阀，因压降而发热后直流油箱，容易散热。此回路广泛应用于功率较小、负载变化较大或平稳性要求较高的液压系统。

（3）旁路节流调速回路，如图 3-33（c）所示，该回路是把节流阀安装在与执行元件并联的支路上，用节流阀调节流回油箱的流量，从而调节进入液压缸的流量，达到节流调速的目的。回路中的溢流阀作为安全阀使用，起过载保护作用。此回路主要用于负载较大、速度较高、运动平稳性要求不高的中等功率的液压系统。

节流阀节流调速回路的缺点：使用节流阀节流调速回路的速度负载特性比较软，变荷载下的运动平稳性比较差。当负载变化时，因节流阀前后压差变化，通过节流阀的流量均变化。如果用调速阀代替节流阀，节流调速回路的速度负载特性将得到改善。调速阀可以装在回路的进油、回油或旁路上。负载变化引起调速阀前后压差变化时，通过调速阀的流量基本稳定。

2. 容积调速回路

容积调速回路的优点：没有节流损失和溢流损失，因而效率高，油液温升小，适用于高速、大功率调速系统。缺点：变量泵和变量马达的结构较复杂，成本较高。

容积调速回路有泵-缸式回路和泵-马达式回路。这里主要介绍泵-马达式容积调速回路。

（1）变量泵-定量马达式容积调速回路。马达为定量，改变泵排量 V_P 可使马达转速 n_M 随之成比例地变化，如图 3-34 所示。定量马达 5 输出的流量不变，溢流阀 4 起安全作用，用于防止系统过载。为了补偿泵和马达的泄漏，增加了补油泵 1，同时置换部分已发热的油液，降低系统的升温。溢流阀 4 用来调节补油泵的压力。调节变量泵 3 的流量，即可对马达的转速进行调节。当负载转矩恒定时，马达的输出转矩和回路工作压力都恒定不变，马达的输出功率和转速成正比，故此调速方式称为恒转矩调速。

（2）定量泵-变量马达式容积调速回路。定量泵-变量马达组成的调速回路如图 3-35 所示。定量泵 1 输出的流量不变，调节变量马达 2 的排量便可以改变其转速。这种回路称为恒功率调速回路，其特点是变量马达在任何转速下输出的功率都不变，但由于变量马达的最高工作速度受限制且换向容易出故障，所以很少单独使用。

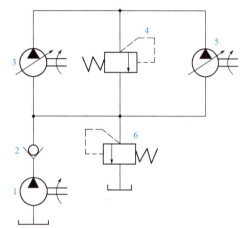

图 3-34　变量泵-定量马达容积调速回路
1—补油泵；2—单向阀；3—变量泵；
4—溢流阀；5—定量马达；6—背压阀（溢流阀）

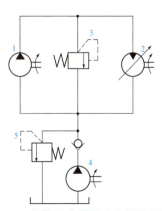

图 3-35　定量泵-变量马达容积调速回路
1—定量泵；2—变量马达；3—变溢流阀；4—补油泵；5—溢流阀

（3）变量泵-变量马达式容积调速回路。变量泵-变量马达式组成的容积调速回路如图 3-36 所示。改变变量泵 1 和变量马达 2 的排量，实现无级调速，大大扩大了变速范围。其中，变量泵 1 既能改变流量，供变量马达 2 的转速需要，又能反向供油，实现变量马达 2 反向旋转。补油泵 4 通过单向阀 6 和 8 实现系统双向泄漏补油，单向阀 7 和 9 使安全阀 3 在两个方向上都起到安全作用。这种调速回路范围大、效率高、速度稳定性好，常用于龙门刨床的主运动和铣床的进给运动等大功率液压系统。

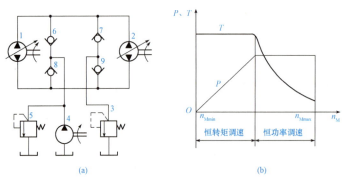

(a)   (b)

图 3-36　变量泵-变量马达容积调速回路

（a）回路图；（b）调速特性

1—变量泵；2—变量马达；3—安全阀；4—补油泵；5—溢流阀；6、7、8、9—单向阀

3.3.2.2　快速运动回路

快速运动回路又称增速回路，其功用在于使液压执行元件在空载时获得所需的高速，以提高系统的工作效率或充分利用功率。实现快速运动有多种运动回路，下面介绍几种常用的快速运动回路。

1. 液压缸的差动连接快速运动回路

图 3-37 所示的回路是利用二位三通电磁换向阀实现液压缸 4 差动连接的回路。当三位四通电磁换向阀 3 和二位三通电磁换向阀 5 左位接入时，液压缸 4 差动连接做快进运动。当二位三通电磁换向阀 5 电磁铁通电时，差动连接即被切断，液压缸 4 回油经过单向调速阀 6，实现工进。三位四通电磁换向阀 3 右位接入后，缸快退。

这种连接方式可以在不增加泵流量的情况下提高执行元件的运动速度。必须注意，泵的流量和有杆腔排出的流量合在一起流过的阀和管路应按合成流量来选择，否则会使压力损失增大，泵的供油压力过高，致使泵的部分压力油从溢流阀 2 溢回油箱而达不到差动快进的目的。液压缸 4 的差动连接也可用 P 形中位机能的三位换向阀来实现。

微课：速度控制
回路—换速回路

微课：速度控制
回路—增速回路

2. 采用蓄能器的快速补油回路

对于间歇运转的液压机械，当执行元件间歇或低速运动时，泵向蓄能器充油。而在工作循环中，当某一工作阶段执行元件需要快速运动时，蓄能器作为泵的辅助动力源，可与泵同时向系统提供压力油。

图 3-38 所示为采用蓄能器的快速补油回路。当换向阀 5 移到左位工作时，蓄能器 4 所储存的液压油即可释放出来加到液压缸 6，活塞快速前进。活塞在做加压等操作时，液压泵 1 即可对蓄能器充压（蓄油）。当换向阀 5 移到阀右位时，蓄能器液压油和液压泵 1 排出的液压油同时送到液压缸的活塞杆端，活塞快速回行。这样，系统中可选用流量较小的油泵及功率较小的电动机，可节约能源并降低油温。

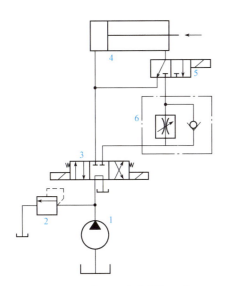

图 3-37　液压缸差动连接回路

1—液压泵；2—溢流阀；3—三位四通电磁换向阀；

4—液压缸；5—二位三通电磁换向阀；6—单向调速阀

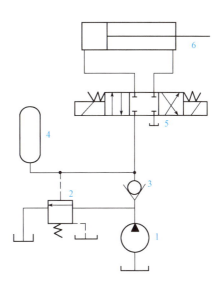

图 3-38　采用蓄能器的快速补油回路

1—液压泵；2—顺序阀；3—单向阀；

4—蓄能器；5—换向阀；6—液压缸

3. 利用双泵供油的快速运动回路

双泵供油快速运动回路如图 3-39 所示。高压小流量泵 1 和低压大流量泵 2 组成的双联泵做动力源。外控顺序阀 3（卸荷阀）和溢流阀 7 分别调定双泵供油和高压小流量泵 1 供油时系统的最高工作压力。当主换向阀 4 在左位或右位工作时，换向阀 6 电磁铁通电，这时系统压力低于卸荷阀 3 的调定压力，两个泵同时向液压缸供油，油缸快速向左（或向右）运动。当快进完成后，换向阀 6 断电，缸的回油经过节流阀 5，因流动阻力增大而引起系统压力升高。当卸荷阀 3 的外控油路压力达到或超过卸荷阀的调定压力时，低压大流量泵通过阀 3 卸荷，单向阀 8 自动关闭，只有高压小流量泵 1 向系统供油，液压缸慢速运动。卸荷阀的调定压力至少应比溢流阀的调定压力低 10%～20%。

双泵供油回路的优点是简单合理，功率损耗小，回路效率较高，常用在执行元件快进和工进速度相差较大的场合。

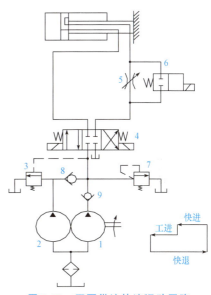

图 3-39　双泵供油快速运动回路

1—高压小流量泵；2—低压大流量泵；

3—外控顺序阀（作卸荷阀使用）；4—主换向阀；

5—节流阀；6—换向阀；7—溢流阀；8、9—单向阀

3.3.2.3　速度换接回路

速度换接回路的功能是使液压执行机构在一个工作循环中从一种运动速度变换到另一种运动速度，因而这个转换不仅包括液压执行元件快速到慢速的换接，而且也包括两个慢速之间的换接。实现这些功能的回路应该具有较高的速度换接平稳性。

动画：差动回路动画

动画：快速与慢速
换接回路动画

1. 快、慢速换接回路

图 3-40 所示为用行程阀来实现快速与慢速换接的回路。在图 3-40 所示的状态下，液压缸 7 快进，当活塞所连接的挡块压下行程阀 6 时，行程阀关闭，液压缸右腔的油液必须通过节流阀 5 才能流回油箱，活塞运动速度转变为慢速工进；当换向阀 2 左位接入回路时，压力油经单向阀 4 进入液压缸 7 右腔，活塞快速向右返回。

在这种速度换接回路中，因为行程阀的通油路是由液压缸活塞的行程控制阀芯移动而逐渐关闭的，所以换接时的位置精度高，冲出量小，运动速度的变换也比较平稳。这种回路在机床液压系统中应用较多，它的缺点是行程阀的安装位置受一定限制（要由挡铁压下），

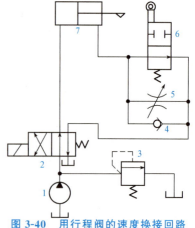

图 3-40　用行程阀的速度换接回路
1—液压泵；2—换向阀；3—溢流阀；
4—单向阀；5—节流阀；6—行程阀；7—液压缸

所以，有时管路连接稍复杂。行程阀也可以用电磁换向阀来代替，这时电磁换向阀的安装位置不受限制（挡铁只需要压下行程开关），但其换接精度及速度变换的平稳性较差。

2. 两种工作进给速度的换接回路

对于某些自动机床、注塑机等，需要在自动工作循环中变换两种以上的工作进给速度，这时需要采用两种（或多种）工作进给速度的换接回路。

图 3-41 所示为用两个调速阀来实现不同工进速度的换接回路。图 3-41（a）中的两个调速阀并联，由换向阀实现换接。两个调速阀可以独立地调节各自的流量，互不影响。但是一个调速阀工作时另一个调速阀内无油通过，它的减压阀不起作用而处于最大开口状态，因而速度换接时大量油液通过该处使机床工作部件产生突然前冲现象。因此，它不宜用于工作过程中速度换接的场合，只可用于速度预选的场合。

图 3-41（b）所示为两个调速阀串联的速度换接回路。当主换向阀 D 左位接入系统时，调速阀 B 被换向阀 C 短接，输入液压缸的流量由调速阀 A

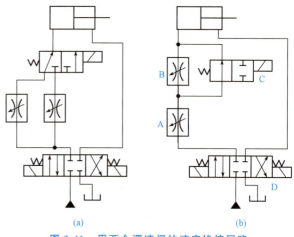

(a)　　　　　　　　(b)
图 3-41　用两个调速阀的速度换接回路
(a) 两个调速阀并联；(b) 两个调速阀串联
A、B—调速阀；C、D—换向阀

控制；当换向阀 C 右位接入回路时，由于通过调速阀 B 的流量调得比调速阀 A 小，因此，输入液压缸的流量由调速阀 B 控制。在这种回路中，调速阀 A 一直处于工作状态，它在速度换接时限制进入调速阀 B 的流量，因此，它的速度换接平稳性比较好；但由于油液经过两个调速阀，因此，能量损失比较大。

任务分析

在液压传动系统中，执行件的运动速度是可以通过流量控制阀来控制的。流经阀的最大

压力和流量是选择阀规格的两个主要参数。因为阀的压力和流量范围必须满足使用要求，否则将引起阀的工作失常。因此，要求阀的额定压力应略大于最大压力，但最多不得超过10％。阀的额定流量应大于最大流量，必要时允许通过阀的最大流量超过其额定流量的20％，但也不宜过大，以免引起油液发热、噪声、压力损失增大和阀的工作性能变坏。流量控制阀就是通过改变阀口过流面积的大小来调节通过阀口的流量，从而控制执行元件（液压缸或液压马达）的运动速度。但应注意，选择流量阀时，不仅要考虑最大流量，而且要考虑最小稳定流量。

本任务要求利用可调节流阀和调速阀对液压缸实现运动速度控制，并通过实训操作进一步理解节流阀与调速阀在负载变化情况下的调速性能的差别。为方便实现负载的变化，在回油路中串接一个溢流阀作为背压阀。背压阀的调定压力应适当，否则回路不能实现实训要求。

任务实施

经过学习前面的内容和任务分析，将设计的速度控制回路画入下面的框，并标注出元件的名称。

(1) 将上面的调速回路利用 FluidSIM 仿真软件进行仿真，验证设计的正确性。

(2) 在液压实训台上搭接回路并运行。

任务评价

考核标准						
班级		组名			日期	
考核项目名称						
考核项目	具体说明		分值	教师	组	自评
讲解系统组成工作原理	系统组成，内容完整，讲解正确		10			
	工作原理、工作过程完整，原理表述正确		10			
回路设计	能够正确使用仿真软件绘制回路		10			
	能够利用软件实现液压回路仿真		10			
回路安装、调试	能够按照设计图正确安装液压回路		10			
	操作步骤及要求表述正确		10			
	操作步骤正确，调节控制合理		10			
	故障诊断现象分析正确		10			
	排除方法正确，操作合理		5			
	操作规范，团队协作，按照 7S 管理		5			

考核项目	具体说明	分值	教师	组	自评
元件的英文名称	表述正确	10			
成绩评定	教师70％＋其他组20％＋自评10％				

项目分析 NEWS

　　液压机是广泛用于冶金行业的压力加工设备，也常用于可塑性材料的压制，如冲压、弯曲、翻边、薄板、压装等。任务的要求是根据机床的功用、运动循环和性能等要求，设计出合理的液压系统图。

　　（1）考虑到该机床在工作进给时需要承受较大的工作压力，系统功率也较大，可采用轴向柱塞泵。

　　（2）压力机需要慢速压制、快速回程，所以，工作缸采用活塞式双作用缸，当压力油进入工作缸上腔，活塞带动横梁向下运动，其速度较慢、压力较大；当压力油进入工作缸下腔，活塞向上运动，其速度较快、压力较小，符合一般的慢速压制、快速回程的工艺要求。

　　（3）根据加工系统在液压缸不动或因工件变形而产生微小位移的工况下能够保持稳定不变的压力，可选用液控单向阀保压回路，则保压时间较长，压力稳定性高，换向阀选用M形三位四通换向阀，利用其中位滑阀机能，使液压缸两腔封闭，系统不卸荷。

　　（4）为保护液压泵及液压元件的安全，避免出现机器被杂物或工件卡死而损伤泵和液压元件的情况，可在泵出油处加装一个直动式溢流阀，起安全阀的作用，当泵的压力达到溢流阀的导通压力时，溢流阀打开，液压油流回油箱，起到安全保护作用。

项目实施

　　经过学习前面的内容和任务分析，将设计的液压回路画入下面的框。

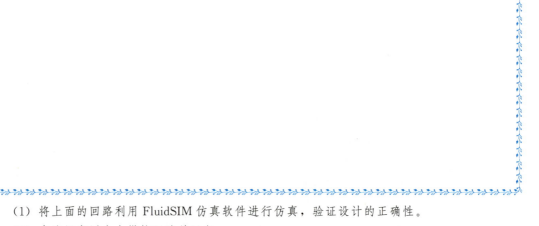

　　（1）将上面的回路利用FluidSIM仿真软件进行仿真，验证设计的正确性。

　　（2）在液压实训台上搭接回路并运行。

考核标准						
班级		组名		日期		
考核项目名称						
考核项目	具体说明		分值	教师	组	自评
讲解系统组成工作原理	系统组成，内容完整，讲解正确		10			
	工作原理、工作过程完整，原理表述正确		10			
回路设计	能够正确使用仿真软件绘制回路		10			
	能够利用软件实现液压回路仿真		10			
回路安装、调试	能够按照设计图正确安装液压回路		10			
	操作步骤及要求表述正确		10			
	操作步骤正确，调节控制合理		10			
	故障诊断现象分析正确		10			
	排除方法正确，操作合理		5			
	操作规范，团队协作，按照7S管理		5			
元件的英文名称	表述正确		10			
成绩评定	教师70％＋其他组20％＋自评10％					

拓展知识

知识点1　"蛟龙号"载人潜水器

"蛟龙号"载人潜水器是我国首台自主设计、自主集成研制的作业型深海载人潜水器，设计最大下潜深度为7 000 m，也是目前世界上下潜能力最强的作业型载人潜水器。"蛟龙号"载人潜水器可以在占世界海洋面积99.8％的广阔海域中使用，对于我国开发利用深海资源有着重要的意义。

我国是继美国、法国、俄罗斯、日本之后世界上第五个掌握大深度载人深潜技术的国家。在全球载人潜水器中，"蛟龙号"属于第一梯队。目前，全世界投入使用的各类载人潜水器约90艘，其中，下潜深度超过1 000 m的仅有12艘，更深的潜水器数量更少，拥有6 000 m以上深度载人潜水器的国家包括中国、美国、日本、法国和俄罗斯。除中国外，其他四国的作业型载人潜水器最大工作深度为日本深潜器的6 527 m，因此"蛟龙号"载人潜水器在西太平洋的马里亚纳海沟海试成功到达7 020 m海底，创造了作业类载人潜水器新的世界纪录。

液压系统是"蛟龙号"载人潜水器上非常重要的动力源，其主要为应急抛弃系统、主压载系统、可调压载系统、纵倾调节系统、作业系统及导管桨回转机构等提供液压动力。它通过有效的压力补偿，可以在高压环境下工作，而不需要设计坚实的耐压壳体结构来保护。其安装在潜水器的非耐压结构支架上，从而可为潜水器设计节省更多的耐压空间，降低耐压球壳结构设计的难度，同时提高了整个潜水器的安全性和可靠性（图3-42）。

图 3-42   "蛟龙号"载人潜水器

知识点 2   比例阀、插装阀和叠加阀

比例阀、插装阀和叠加阀分别是 20 世纪 60 年代末、70 年代初和 80 年代才出现并得到发展的液压控制阀。与普通液压控制阀相比，它们具有许多显著的优点。因此，随着技术的进步，这些新型液压元件必将会以更快的速度发展，并广泛用于各类设备的液压系统中。

一、比例阀

普通液压控制阀只能对液流的压力、流量进行定值控制，对液流的方向进行开关控制，而当工作机构的动作要求对其液压系统的压力、流量参数进行连续控制，或控制精度要求较高时，则不能满足要求。这时就需要用电液比例控制阀（简称比例阀）进行控制。

大多数比例阀具有类似普通液压控制阀的结构特征。它与普通液压控制阀的主要区别在于，其阀芯的运动采用比例电磁铁控制，使输出的压力或流量与输入的电流成正比。所以，可用改变输入电信号的方法对压力、流量进行连续控制。有的阀还兼有控制流量大小和方向的功能。这种阀在加工制造方面的要求接近普通阀，但其性能大为提高。比例阀的采用能使液压系统简化，所用液压元件数大为减少，且其可用计算机控制，自动化程度可明显提高。

比例阀常用直流比例电磁铁控制，电磁铁的前端附有位移传感器（或称差动变压器）。它的作用是检测直流比例电磁铁的行程，并向放大器发出反馈信号。放大器将输入信号与反馈信号比较后再向电磁铁发出纠正信号，以补偿误差，保证阀有准确的输出参数。因此，它的输出压力和流量可以不受负载变化的影响。

比例阀也分为比例压力阀、比例流量阀和比例方向阀三大类。

1. 比例压力阀

用比例电磁铁 1 取代直动式溢流阀的手动调压装置，便成为直动式比例溢流阀，如图 3-43 所示。将直动式比例溢流阀作为先导阀与普通压力阀的主阀相结合，便可组成先导式比例溢流阀、比例顺序阀和比例减压阀。这些阀能随电流的变化而连续地或按比例地控制输出油的压力。

2. 比例流量阀

用比例电磁铁取代节流阀或调速阀的手动调速装置，便成为比例流量阀。它能用电信号控制油液流量，使其与压力和温度的变化无关。它也可分为直动式和先导式两种。受比例电磁铁推力的限制，直动式比例流量阀适用作通径不大于 10 mm 的小规格阀。当通径大于 10 mm 时，常采用先导式比例流量阀。它用小规格比例电磁铁带动小规格先导阀，再利用先导阀的输出放大作用来控制流量大的主节流阀或调速阀，因此，其能用于压力较高的大流量油路的控制。

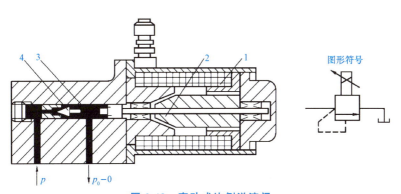

图 3-43　直动式比例溢流阀
1—比例电磁铁；2—推杆；3—传力弹簧；4—阀芯

3. 比例方向阀

用比例电磁铁 2 取代电磁换向阀中的普通电磁铁，便构成直动式比例方向阀，如图 3-44 所示。其阀芯 3 的行程可以连续地或按比例地改变，且在其阀芯 3 的凸肩上制作出三角形阀口（不是全周长阀口），因而利用比例换向阀不仅能改变执行元件的运动方向，还能通过控制换向阀的阀芯位置来调节阀口的开度。实质上，它是兼有方向控制和流量控制两种功能的复合控制阀。

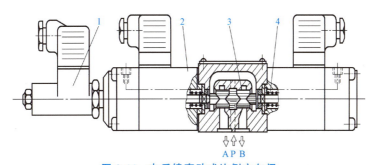

图 3-44　电反馈直动式比例方向阀
1—位移传感器；2—比例电磁铁；3—阀芯；4—弹簧

当流量较大时（阀的通径大于 10 mm），需要采用先导式比例方向阀。例如，压力控制型先导比例方向阀、电反馈型先导比例方向阀等。另外，多个比例方向阀也能组成比例多路阀。

用比例溢流阀、比例节流阀等元件与变量叶片泵组合可构成比例复合叶片泵，使泵的输出压力和流量用电信号比例控制得到最佳值。用先导式比例方向阀与内装位移传感器的液压缸组合可构成比例复合缸，这种复合缸很容易实现活塞位移或速度的电气比例控制。

总之，采用比例阀既能提高液压系统性能参数及控制的适应性，又能明显地提高其控制的自动化程度。

二、插装阀

插装阀也称为插装式锥阀或逻辑阀。它是一种结构简单，标准化、通用化程度高，通油能力大，液阻小，密封性能和动态特性好的新型液压控制阀。目前，其广泛应用在液压压力机、塑料成型机械、压铸机等高压大流量系统中。

插装阀主要由锥阀组件、阀体、控制盖板及先导元件组成。在图 3-45 中，阀套 2、弹簧 3 和锥阀 4 组成锥阀组件，插装在阀体 5 的孔内。盖板 1 上设有控制油路与其先导元件连通（先导元件图中未画出）。锥阀组件上配置不同的盖板，就能实现各种不同的功能。同一阀体内可装入若干个不同机能的锥阀组件，加相应的盖板和控制元件组成所需要的液压回路或系统，可使结构紧凑。

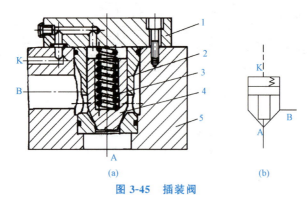

图 3-45　插装阀
1—盖板；2—阀套；3—弹簧；4—锥阀；5—阀体

从工作原理上讲，插装阀是一个液控单向阀。在图 3-45 中，A、B 为主油路通口，K 为控制油口。设 A、B、K 油口所通油腔的油液压力及有效工作面积分别为 p_A、p_B、p_K 和 A_1、A_2、A_K（$A_1+A_2=A_K$），弹簧的作用力为 F_s，且不考虑锥阀的质量、液动力和摩擦力等的影响，则当 $p_A A_1+p_B A_2 < F_s+p_K A_K$ 时，锥阀闭合，A、B 油口不通；当 $p_A A_1+p_B A_2 > F_s+p_K A_K$ 时，锥阀打开，油路 A、B 连通。因此可知，当 p_A、p_B 一定时，改变控制油口 K 的油压 p_K，可以控制 A、B 油路的通断。当控制油口 K 接通油箱时，$p_K=0$，锥阀下部的液压力超过弹簧力时，锥阀即打开，使油路 A、B 连通。这时若 $p_A > p_B$，则油液由 A 流向 B；若 $p_A < p_B$，则油液由 B 流向 A。当 $p_K \geq p_A$，$p_K \geq p_B$ 时，锥阀关闭，油路 A、B 不通。

插装阀锥阀芯的端部可开阻尼孔或节流三角槽，也可以制成圆柱形。插装阀可用作方向控制阀、压力控制阀和流量控制阀。

三、叠加阀

1. 概述

叠加式液压阀简称叠加阀，它是近 10 年内在板式阀集成化基础上发展起来的新型液压元件。这种阀既具有板式液压阀的工作功能，其阀体本身又同时具有通道体的作用，从而能利用其上、下安装面呈叠加式无管连接，组成集成化液压系统。

叠加阀自成体系，每一种通径系列的叠加阀，其主油路通道和螺钉孔的大小、位置、数量都与相应通径的板式换向阀相同。因此，同一通径系列的叠加阀可按需要组合叠加起来组成不同的系统。通常用于控制同一个执行件的各个叠加阀与板式换向阀及底板块纵向叠加成一叠，组成一个子系统。其换向阀（不属于叠加阀）安装在最上面，与执行件连接的底板块放在最下面。控制液流压力、流量或单向流动的叠加阀安装在换向阀与底板块之间，其顺序应按子系统动作要求安排。由不同执行件构成的各子系统之间可以通过底板块横向叠加成为一个完整的液压系统，其外观图如图 3-46 所示。

叠加阀的主要优点如下：

（1）标准化、通用化、集成化程度高，设计、加工、装配周期短。

（2）用叠加阀组成的液压系统结构紧凑、体积小、质量轻、外形整齐美观。

（3）叠加阀可集中配置在液压站上，也可分散安装在设备上，配置形式灵活。系统变化时，元件重新组合叠装方便、迅速。

（4）因不用油管连接，压力损失少，漏油少，振动小，噪声小，动作平稳，使用安全、可靠，维修容易。

叠加阀的缺点是回路形式较少，通径较小，品种规格不能满足较复杂和大功率液压系统的需要。

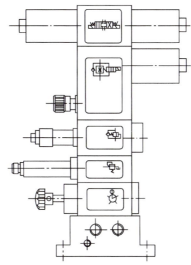

图 3-46　叠加阀叠积总成外观图

目前，我国已生产 Φ6 mm、Φ10 mm、Φ16 mm、Φ20 mm、Φ32 mm 五个通径系列的叠加阀，其连接尺寸符合 ISO 4401 国际标准，最高工作压力为 20 MPa。

根据工作功能，叠加阀可以分为单功能叠加阀和复合功能叠加阀两类。

2. 单功能叠加阀

单功能叠加阀与普通板式液压阀类似，也具有压力控制阀（如溢流阀、减压阀、顺序阀等）、流量控制阀（如节流阀、单向节流阀、调速阀、单向调速阀等）和方向控制阀（仅包括单向阀、液控单向阀）。在一块阀体内部，可以组装为一个单阀，也可以组装为双阀。一个阀体中有 P、T、A、B 4 条以上通路，所以，阀体内组装各阀根据其通道连接状况，可产生多种不同的控制组合方式。

（1）叠加式溢流阀。图 3-47（a）所示为 Y_1—F—10D—P/T 先导型叠加式溢流阀。它由主阀和先导阀两部分组成。Y 表示溢流阀；F 表示压力为 20 MPa；10 表示通径为 Φ10 mm；D 表示叠加阀；P/T 表示进油口为 P、回油口为 T。其符号如图 3-46（b）所示。图 3-46（c）所示为 P_1/T 型的符号，它主要用于双泵供油系统高压泵的调压和溢流。

叠加式溢流阀的工作原理同一般的先导式溢流阀。压力油由进油口 P 进入主阀芯 6 右端的 e 腔，并经阀芯上阻尼孔 d 流至主阀芯 6 左端 b 腔，还经小孔 a 作用于锥阀芯上。当系统压力低于溢流阀调定压力时，锥阀 3 关闭，主阀芯 6 在弹簧力作用下处于关闭位置，阀不溢流；当系统压力达到溢流阀的调定压力时，锥阀 3 开启，b 腔油液经锥阀口及孔道 c 由回油口 T 流回油箱，主阀芯 6 右腔的油经阻尼孔 d 向左流动，因而在主阀芯两端产生了压力差，使主阀芯 6 向左移动将主阀阀口打开，使油由出油口 T 溢回油箱。调节弹簧 2 的预压缩量便可改变溢流阀的调整压力。

（2）叠加式流量阀。图 3-48 所示为 QA—F6/10D—BU 型单向调速阀。QA 表示单向调速阀；F 表示压力为 20 MPa；6/10 表示该阀通径为 Φ6 mm，而其接口尺寸属于 Φ10 mm 系列；D 表示叠加阀；B 表示该阀适用于液压缸 B 腔油路上；U 表示调速节流阀的出口节流。其工作原理与一般单向调速阀基本相同。

当压力油由油口 B 进入时，油可进入单向阀 1 的左腔，使单向阀口关闭；同时又可经过调速阀中的减压阀 5 和节流阀 3，由油口 B′ 流出。当压力油由油口 B′ 进入时，压力油可将单向阀芯顶开，经单向阀由油口 B 流出，而不流经调速阀。

　　以上两种叠加阀在结构上均属于组合式，即将叠加阀体做成通油孔道体，仅将部分控制阀组件置于其阀体内，而将另一部分控制阀或其组件做成板式连接的部件，将其安装在叠加阀体的两端，并和相关的油路连通。通常小通径的叠加阀采用组合式结构。通径较大的叠加阀则多采用整体式结构，即将控制阀和油道组合在同一阀体内。

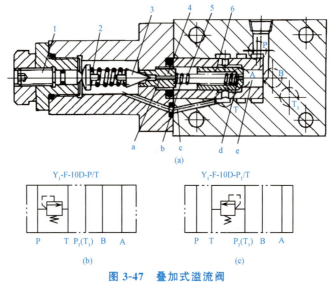

图 3-47　叠加式溢流阀

（a）P/T 型；（b）P/T 型符号；（c）P_1/T 型符号

1—推杆；2—弹簧；3—锥阀；4—阀座；5—弹簧；6—主阀芯

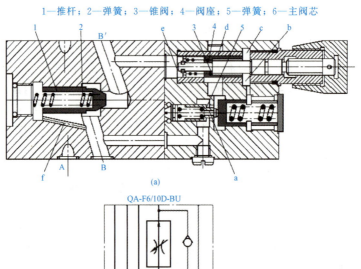

图 3-48　叠加式调速阀

1—单向阀；2—弹簧；3—节流阀；4—弹簧；5—减压阀

　　3. 复合功能叠加阀

　　复合功能叠加阀又称为多机能叠加阀。它是在一个控制阀芯单元中实现两种以上控制机能的叠加阀，多采用复合结构形式。

图 3-49 所示为我国研制开发的电动单向调速阀。它由先导阀 1、主体阀 2 和调速阀 3 等组合而成，调速阀作为一个独立的组件以板式阀的连接方式复合到叠加阀主体的侧面，使自身性能得到保证，并可提高组合件的标准化、通用化程度。其先导阀采用直流湿式电磁铁控制其阀芯的运动。

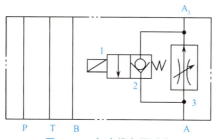

图 3-49　电动单向调速阀
1—先导阀；2—主体阀；3—调速阀

该阀用于控制机床液压系统，使运动部件实现"快进→工进→快退"工作循环。当电磁铁通电使先导阀阀芯移位时，压力油可由 A' 经主阀体中的锥阀到 A，使运动部件"快进"；当电磁铁断电使先导阀阀芯复位时，压力油只能经调速阀由 A' 流至 A，使运动部件慢速"工进"；当压力油由 A 进入该阀时，则可经过自动打开的锥阀（单向阀），由 A_1 流出，使运动部件"快退"。

知识点 3　液压基本回路故障分析

液压基本回路出现故障，主要是由设计考虑不周、元件选用不当、元件参数与系统调节不合理、控制元件出现故障、管路安装存在缺陷及使用维护不当等因素造成的。由于篇幅有限，表 3-3 仅就一些带有共性的常见故障做概括分析，以便读者了解故障现象及产生的原因。

表 3-3　液压基本回路故障分析

基本回路	故障现象	可能的故障原因
压力控制回路	压力调整不上来	溢流阀调压弹簧过软、装错或漏装； 主阀阻尼孔被堵塞； 阀芯与阀座配合不好，关闭不严，泄漏严重； 阀芯在开启位置上被卡住
	压力调整不下去	阀进出油口接错； 先导阀前阻尼孔被堵塞； 阀芯在关闭位置上被卡住
	压力不稳定，产生振动和噪声	液压系统渗入了空气； 阀芯在阀体内移动不灵活； 元件之间工作时相互干扰引起共振； 阀芯与阀体配合不好，接触不良； 阻尼孔过大，阻尼作用太小
	减压油路的压力不稳定	减压阀前油路最低压力低于后油路压力； 执行元件负载不稳定； 液压缸内泄漏或外泄漏严重； 减压阀阀芯移动不灵活； 减压阀外泄油路存在背压

学习笔记

基本回路	故障现象	可能的故障原因
速度控制回路	不能低速工作	节流阀或调速阀节流口被堵塞； 节流阀或调速阀前后压降过小； 调速阀内减压阀阀芯被卡住
	在负载增加时速度显著降低	元件泄漏随负载增大而增加过大
	产生爬行	液压系统渗入了空气； 导轨润滑不良或导轨与缸轴线平行度误差太大； 活塞杆密封过紧或活塞杆弯曲变形过大； 液压缸回油背压不足； 液压泵输出流量脉动较大； 节流阀口堵塞或调速阀内减压阀阀芯移动不灵活
方向控制回路	换向阀不能换向	电磁铁吸力不足； 电磁铁剩磁大，使阀芯不能复位； 阀芯对中弹簧轴线歪斜，导致阀芯被卡住； 滑阀被拉毛，导致阀芯被卡住； 配合间隙被污物堵塞，导致阀芯被卡住； 阀体和阀芯加工精度差，产生径向力使阀芯被卡住
	产生微动或前冲	换向阀中位机能选择不当； 换向阀换位滞后
	不能锁紧	单向阀阀芯与阀座密封不严，泄漏严重； 单向阀密封面被拉毛或粘有污物； 单向阀阀芯卡住，弹簧漏装或歪斜，阀芯不能复位
多缸工作控制回路	不能按预定动作工作	顺序阀选用不当； 回路设计不合理； 压力调定值不匹配； 元件内部泄漏严重

项目小结 NEWS!

本项目主要介绍了液压传动系统中常用控制阀的工作原理、结构、性能和应用等知识。重点分析了常见的液压基本回路，即方向控制回路、速度控制回路、压力控制回路等。

液压控制阀简称液压阀，是液压系统中的控制元件，其作用是控制和调节液压系统中液压油的流动方向、压力的高低和流量的大小，以满足液压缸、液压马达等执行元件不同的动作要求。

液压阀可分为方向控制阀、压力控制阀和流量控制阀三大类。尽管液压阀存在着各种各样不同的类型，但它们之间也有一些共同之处。首先，在结构上，所有的阀都由阀体、阀芯（滑阀或转阀）和驱动阀芯动作的元部件（如弹簧、电磁铁）组成；其次，在工作原理上，所有阀的开口大小、进出口间的压力差以及流过阀的流量之间的关系都符合孔口流量公式（$q_v = CA\Delta p^m$），只是各种阀的控制参数各不相同而已，如方向阀控制的是执行元件的运动方向，压力阀控制的是液压传动系统的压力，而流量阀控制的是执行元件的运动速度。

方向控制回路用以实现液压系统执行元件的启动、停止、换向。这些动作采用控制进入执行元件的液流通、断或改变方向来实现。

调压回路控制整个液压系统或局部的压力，使其保持恒定或限制其最高值。有单级调压回路、二级调压回路、多级调压回路、比例调压回路等。

减压回路使系统中的某一部分油路具有较系统压力低的稳定压力。最常见的减压回路是通过定值减压阀与主油路相连，也可实现二级或多级减压。

顺序动作回路的功能是使液压系统中的各个执行元件严格地按规定的顺序动作。按控制方式不同，可分为行程控制和压力控制两大类。

调速回路是液压系统的核心。通过改变进入执行机构的液体流量实现速度控制。控制方式有节流控制、液压泵控制和液压马达控制。将节流阀串联在主油路上，需要并联一个溢流阀，多余的油液经溢流阀流回油箱，称为定压式节流调速回路；节流阀或调速阀和主回路并联，称为旁路节流调速，多余的油液由节流阀流回油箱，泵的压力随外负载改变。容积式调速采用改变液压泵或液压马达的有效工作容积进行调速，无节流和溢流损失，组合形式有变量泵-定量马达（或液压缸）、定量泵-变量马达、变量泵-变量马达。

速度换接回路使液压执行机构在一个工作循环中从一种运动速度变换到另一种运动速度，包括快速与慢速的换接回路、两种慢速的换接回路。

任务检查与考核

1. 电液动换向阀的先导阀，为何选用 Y 形中位机能？改用其他形中位机能是否可以？为什么？试说明电液动换向阀的组成特点及各组成部分的功用。

2. 二位四通电磁阀能否作为二位三通或二位二通阀使用？具体接法如何？

3. 若先导式溢流阀主阀芯上阻尼孔被污物堵塞，则溢流阀会出现什么故障？如果溢流阀先导阀锥阀座上的进油小孔堵塞，其又会出现什么故障？

4. 若把先导式溢流阀的远程控制口当成泄漏口接油箱，这时液压系统会产生什么问题？

5. 试比较溢流阀、减压阀、顺序阀（内控外泄式）三者之间的异同点。顺序阀能否当作溢流阀使用？

6. 如图 3-50 所示，两个不同调整压力的减压阀串联后的出口压力决定哪一个减压阀的调整压力？为什么？当两个不同调整压力的减压阀并联时，出口压力又取决定哪一个减压阀？为什么？

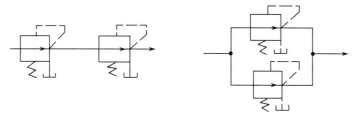

图 3-50　题 6 图

7. 调速阀与节流阀在结构和性能上有何异同？它们各适用于什么场合？

8. 如图 3-51 所示，在两个液压系统的泵组中，各溢流阀的调整压力分别为 $p_A = 4$ MPa，$p_B = 3$ MPa，$p_C = 2$ MPa，若系统的外负载趋于无限大，泵出口的压力各为多少？

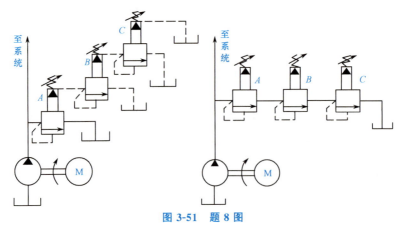

图 3-51 题 8 图

9. 什么叫作压力继电器的开启压力和闭合压力？压力继电器的返回区间如何调整？

10. 试说明电液比例压力阀和电液比例调速阀的工作原理，与一般压力阀和调速阀相比，它们有何优点？

11. 如图 3-52 所示的回路中，溢流阀的调整压力为 5.0 MPa，减压阀的调整压力为 2.5 MPa，试分析下列情况，并说明减压阀阀口处于什么状态。

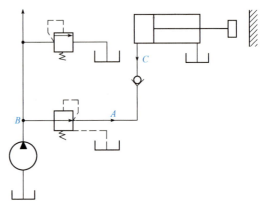

图 3-52 题 11 图

(1) 当泵压力等于溢流阀调整压力时，夹紧缸使工件夹紧后，点 A、C 的压力各为多少？

(2) 当泵压力由于工作缸快进降到 1.5 MPa 时（工件原来处于夹紧状态），点 A、C 的压力各为多少？

(3) 夹紧缸在夹紧工件前做空载运动时，A、B、C 三点的压力各为多少？

12. 如图 3-53 所示，A、B 阀的调整压力分别为 $p_A = 3.5$ MPa，$p_B = 5.0$ MPa，当外载足够大时，两种连接状态下系统压力是多少？

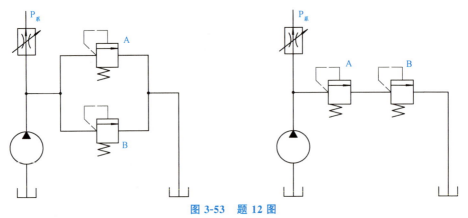

图 3-53 题 12 图

13. 如图 3-54 所示，液压系统的工作循环为快进→工进→死挡铁停留→快退→原位停止，其中压力继电器用于死挡铁停留时发令，使 2YA 得电，然后转为快退。问：

(1) 压力继电器的动作压力如何确定？

(2) 若回路改为回油路节流调速，压力继电器应如何安装？说明其动作原理。

14. 图 3-55 所示为液压机液压回路示意。设锤头及活塞的总质量 $G=3×10^3$ N，油缸无杆腔面积 $A_1=300$ mm^2，油缸有杆腔面积 $A_2=200$ mm^2，阀 5 的调定压力 $p=30$ MPa。试分析并回答以下问题：

(1) 写出元件 3、4、5 的名称；

(2) 系统中换阀采用何种滑阀机能？并形成了何种基本回路？

(3) 当 1YA、2YA 两电磁铁分别通电动作时，压力表 7 的读数各为多少？

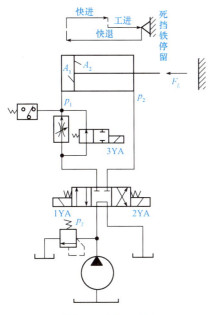

图 3-54 题 13 图

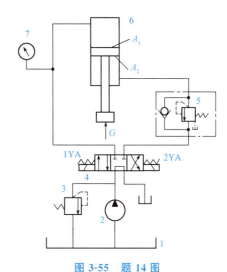

图 3-55 题 14 图

15. 在回油节流调速回路液压缸的回油路上，用减压阀在前、节流阀在后相互串联的方法，能否起到调速阀稳定速度的作用？如果将它们安装在液压缸的进路或旁油路上，能否起到稳定液压缸运动速度的作用？

16. 图 3-56 所示为采用中、低压系列调速阀的回油调速回路，溢流阀的调定压力为 4 MPa，缸径 $D=100$ mm，活塞杆直径 $d=50$ mm，负载力 $F=31\,000$ N，工作时发现活塞运动速度不稳定，试分析原因，并提出改进措施。

17. 主油路节流调速回路中溢流阀的作用是什么？压力调整有何要求？节流阀调速和调速阀调速在性能上有何不同？

18. 如图 3-57 所示，已知回路中活塞运动时的负载 $F=1\,200$ N，活塞面积 $A=15×10^{-4}$ m^2，溢流阀调整值为 4.5 MPa，两个减压阀的调整值分别为 $P_{J1}=3.5$ MPa，$P_{J2}=2$ MPa。如油液流过减压阀及管路时的损失可略去不计，试确定活塞在运动时和停在终端位置处时，A、B、C 三点的压力。

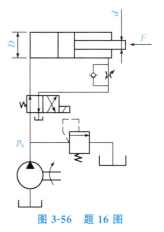

图 3-56 题 16 图

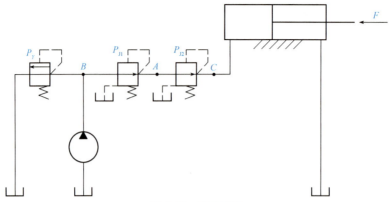

图 3-57   题 18 图

19. 由变量泵和定量马达组成的调速回路，变量泵的排量可在 $0 \sim 50$ cm³/r 范围内改变，泵转速为 1 000 r/min，定量马达排量为 50 cm³/r，安全阀调定压力为 10 MPa，泵和马达的机械效率都是 0.85，在压力为 10 MPa 时，泵和马达泄漏量均为 1 L/min，求：

（1）液压马达的最高和最低转速。

（2）液压马达的最大输出转矩。

（3）液压马达的最高输出功率。

（4）计算系统在最高转速下的总效率。

相关专业英语词汇

（1）背压——back pressure

（2）单向阀——check valve

（3）液控单向阀——pilot operated check valve

（4）平衡阀——counterbalance valve

（5）开启压力——cracking pressure

（6）液压锁——hydraulic lock

（7）手动操作式——manually operated type

（8）机械控制式——mechanically controlled type

（9）中位——neutral position

（10）直动式——directly operated type

（11）球阀——global（ball）valve

（12）电磁阀——solenoid valve

（13）阀芯——valve element

（14）减压阀、溢流阀——pressure relief valve

（15）先导式——pilot type

（16）锥阀——poppet valve

（17）顺序阀——sequence valve

（18）流量控制阀——flow control valve

（19）流量——flow rate

（20）开口——opening

（21）流量阀——flow valve

（22）节流阀——throttle valve

（23）调速阀——speed regulator valve

（24）可调节节流阀——adjustable restrictive valve

（25）单向节流阀——one-way restrictive valve

（26）比例阀——proportional valve

（27）叠加阀——sandwich valve

（28）伺服阀——servo-valve

（29）板式安装——sub-plate mount

（30）电路图——circuit diagram

（31）闭路——closed circuit

（32）微分电路——differential circuit

（33）流线——flow line

（34）进口节流回路——meter-in circuit

（35）出口节流回路——meter-out circuit

（36）运行压力——operating pressure

项目4 典型液压系统的安装调试与故障排除

项目描述

用费斯托仿真软件搭建完成本项目中的典型液压系统，同时利用液压实训台搭接各典型液压系统中的主要液压回路，在实训过程中完成：

(1) 对系统进行仿真，记录相关数据。

(2) 分析典型液压系统的工作原理。

项目目标

液压系统在机床、工程机械、冶金石化、航空、船舶等方面应用广泛。液压系统是根据液压设备的工作要求，选用各种不同功能的基本回路构成的。液压系统一般用图形的方式表示。液压系统图表示了系统内各类液压元件的连接情况及执行元件实现各种运动的工作原理。

知识目标	能力目标	素质目标
1. 了解液压设备的功用和液压系统的工作循环、动作要求。 2. 掌握组合机床动力滑台等典型液压系统图的分析方法。 3. 能够进行液压系统的维护保养与故障诊断	1. 能够读懂液压系统图，会分析系统中各液压元件的功用和相互关系、系统的基本回路组成及油液路线。 2. 能够对液压系统进行规范安装调试	1. 培养学生在完成任务过程中与小组成员团队协作的意识。 2. 培养学生文献检索、资料查找与阅读相关资料的能力。 3. 培养学生自主学习的能力

任务 4.1 YT4543 型动力滑台液压系统的调试与维护

任务描述

分析 YT4543 型动力滑台液压系统的工作原理，并搭建系统回路，要求：

(1) 利用仿真软件完成回路的绘制并仿真验证其正确。

(2) 使用液压实训台连接液压回路实现进给动作。

动画：YT-4543 型动力滑台液压系统动画

任务目标

1. 掌握 YT4543 型动力滑台液压系统的工作原理。

2. 能够分析 YT4543 型动力滑台液压系统工作特点。

3. 能够分析 YT4543 型动力滑台液压系统故障，了解安全生产的重要性。

组合机床是一种高效率的专用机床，它由具有一定功能的通用部件（包括机械动力滑台和液压动力滑台）和专用部件组成，加工范围较广，自动化程度较高，多用于大批量生产中。组合机床上的主要通用部件动力滑台是用来实现进给运动的，其要求液压传动系统完成的进给动作：快进→第一次工作进给→第二次工作进给→止挡块停留→快退→原位停止，同时还要求系统工作稳定，效率高。那么图 4-1 所示液压动力滑台的液压系统是如何工作的呢？

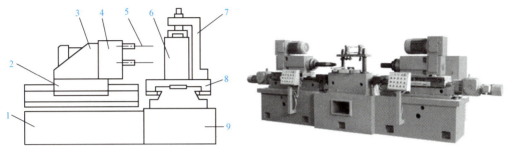

图 4-1　组合机床

1—床身；2—液压动力滑台；3—动力头；4—主轴箱；5—刀具；6—工件；7—夹具；8—工作台；9—底座

4.1.1　YT4543 型动力滑台液压系统分析

1. 阅读液压系统图的步骤

一台机器的液压系统通常是比较复杂的，由若干个基本回路组成。所以，能够很好地阅读液压系统图是分析液压系统的第一步。阅读液压系统图时，大致按以下步骤进行。

（1）分析该液压设备的功能、特点，了解该液压系统的动作和性能的要求。

（2）初步分析液压系统图，以执行元件为中心，按照油路走向分析液压系统图，然后将系统分解为若干个子系统。在拆分子系统的过程中，要结合液压基本回路的工作原理，从液压元件在基本回路中所起的关键作用入手。例如：要从液压系统中拆分换向回路，就要选取缸、换向阀、泵组成一个换向回路，换向回路的作用就是通过换向阀来控制缸的运动方向。

（3）对每个子系统进行分析。分析组成子系统的基本回路及各液压元件的作用；按执行元件的工作循环分析实现每步动作的进油和回油路线。

（4）根据系统中对各执行元件之间的顺序、同步、互锁、防干扰或联动等要求分析各子系统之间的联系，弄懂整个液压系统的工作原理。

（5）归纳出设备液压系统的特点和使设备正常工作的要领，加深对整个液压系统的理解。

2. YT4543 型动力滑台液压系统简介

动力滑台是组合机床上实现进给运动的一种通用部件，配上动力箱和多轴箱后可以对工件完成各类孔的钻、镗、铰加工等工序。液压动力滑台是系列化产品，不同规格的滑台，其液压系统的组成和工作原理基本相同，都是利用液压缸进行驱动，配合电气和机械装置实现一定的工作循环，其中最主要的进给运动是由液压缸带动主轴头完成的。

因此，如何来控制液压缸的动作是组合机床液压回路的核心问题。现以 YT4543 型动力滑台为例分析其液压系统的工作原理。

YT4543 型动力滑台要求进给速度范围为 6.6～660 mm/min，最大移动速度为 7.3 m/min，最大进给力为 45 kN。图 4-2 所示为 YT4543 型动力滑台的液压系统图。

系统采用限压式变量叶片泵 2 供油，其最高工作压力不大于 6.3 MPa；电液换向阀 4 换向，其中位机能具有卸荷功能；行程换向阀和电磁阀实现快、慢速度转换，串联调速阀实现两种工作进给速度的调节；由固定在移动工作台侧面上的挡铁直接压行程换向阀换位或压行程开关控制二位二通电磁换向阀的通、断电顺序实现工作循环。

系统中有换向回路、调速回路、快速运动回路、速度换接回路、卸荷回路等基本回路，该系统能够实现的自动工作循环：快进→第一次工进→第二次工进→死挡铁停留→快退→原位停止，该系统中电磁铁和行程阀的动作顺序见表 4-1。

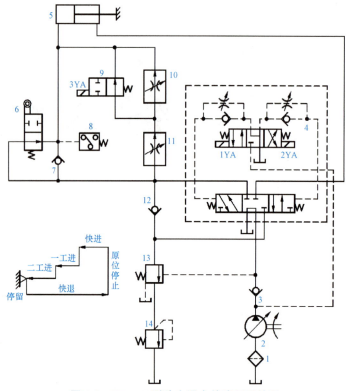

图 4-2　YT4543 型动力滑台的液压系统图

1—滤油器；2—变量叶片泵；3、7、12—单向阀；4—电液换向阀；5—液压缸；6—行程换向阀；
8—压力继电器；9—二位二通电磁换向阀；10、11—调速阀；13—液控顺序阀；14—背压阀

表 4-1　YT4543 型动力滑台液压系统电磁铁和行程阀动作顺序表

工作循环	电磁铁			行程阀
	1YA	2YA	3YA	
快进	+	−	−	−
一工进	+	−	−	+
二工进	+	−	+	+
死挡铁停留	+	−	+	+
快退	−	+	−	+ −
原位停止	−	−	−	
注：表中"＋"表示电磁铁得电或行程阀被压下，"—"表示电磁铁失电或行程阀抬起，后同				

3. YT4543型动力滑台液压系统的工作原理

（1）快进。按下启动按钮，电液换向阀4的电磁铁1YA通电，使电液换向阀4的先导阀左位工作，控制油液经先导阀左位和单向阀进入主液动换向阀的左端，使其左位接入系统，变量叶片泵2输出的油液经主液动换向阀左位进入液压缸5的左腔（无杆腔），因为此时为空载，系统压力不高，液控顺序阀13仍处于关闭状态，故液压缸右腔（有杆腔）排出的油液经主液动换向阀左位也进入了液压缸的无杆腔。这时液压缸5为差动连接，限压式变量泵输出流量最大，液压动力滑台实现快进。系统控制油路和主油路中油液的流动路线如下：

1）控制油路。

①进油路：滤油器1→变量叶片泵2→电液换向阀4的先导阀的左位→左单向阀→电液换向阀4的主阀的左端。

②回油路：电液换向阀4的右端→右节流阀→电液换向阀4的先导阀的左位→油箱。

2）主油路。

①进油路：滤油器1→变量叶片泵2→单向阀3→电液换向阀4的主阀的左位→行程换向阀6下位→液压缸5左腔。

②回油路：液压缸5右腔→电液换向阀4的主阀的左位→单向阀12→行程换向阀6下位→液压缸5左腔。

（2）第一次工进。当快进完成时，动力滑台上的挡块压下行程换向阀6，行程换向阀上位工作，阀口关闭，这时电液换向阀4仍工作在左位，泵输出的油液通过电液换向阀4后只能经调速阀11和二位二通电磁换向阀9右位进入液压缸5的左腔。由于油液经过调速阀而使系统压力升高，于是将液控顺序阀13打开，并关闭单向阀12，液压缸差动连接的油路被切断，液压缸5右腔的油液只能经液控顺序阀13、背压阀14流回油箱，这样就使动力滑台由快进转换为第一次工进。由于工作进给时液压系统油路压力升高，所以，限压式变量泵的流量自动减小，动力滑台实现第一次工进，工进速度由调速阀11调节。此时控制油路不变，其主油路如下。

1）进油路：滤油器1→叶片变量泵2→单向阀3→电液换向阀4的主阀的左位→调速阀11→二位二通电磁换向阀9右位→液压缸5左腔。

2）回油路：液压缸5右腔→电液换向阀4的主阀的左位→液控顺序阀13→背压阀14→油箱。

（3）第二次工进。第二次工进时的控制油路和主油路的回油路与第一次工进时的基本相同，不同之处是当第一次工进结束时，动力滑台上的挡块压下行程开关，发出电信号使二位二通电磁换向阀9的电磁铁3YA通电，二位二通电磁换向阀9左位接入系统，切断了该阀所在的油路，经调速阀11的油液必须通过调速阀10进入液压缸5的左腔。此时液控顺序阀13仍开启。由于调速阀10的阀口开口量小于调速阀11，系统压力进一步升高，限压式变量泵的流量进一步减小，使得进给速度降低，滑台实现第二次工进。工进速度可由调速阀10调节。其主油路如下。

1）进油路：滤油器1→变量叶片泵2→单向阀3→电液换向阀4的主阀的左位→调速阀11→调速阀10→液压缸5左腔。

2）回油路：液压缸5右腔→电液换向阀4的主阀的左位→液控顺序阀13→背压阀14→油箱。

（4）死挡铁停留。当动力滑台完成第二次工进时，动力滑台与死挡铁相碰撞，液压缸停止不动。这时液压系统压力进一步升高，当达到压力继电器8的调定压力后，压力继电器动作，发出电信号传给时间继电器，由时间继电器延时控制滑台停留时间。在时间继电器延时结束之前，动力滑台将停留在死挡铁限定的位置上，且停留期间液压系统的工作状态不变。停留时间可根据工艺要求由时间继电器来调定。设置死挡铁的作用是可以提高动力滑台行程的位置精度。这时的油路同第二次工进的油路，但实际上，液压系统内的油液已停止流动，液压泵的流量已减至很小，仅用于补充泄漏油。

（5）快退。动力滑台停留时间结束后，时间继电器发出电信号，使电磁铁 2YA 通电，1YA、3YA 断电。这时电液换向阀 4 的先导阀右位接入系统，电液换向阀 4 的主阀也换为右位工作，主油路换向。因动力滑台返回时为空载，液压系统压力低，变量泵的流量又自动恢复到最大值，故动力滑台快速退回，其油路如下。

1）控制油路。

①进油路：滤油器 1→变量叶片泵 2→电液换向阀 4 的先导阀的右位→右单向阀→电液换向阀 4 的主阀的右端。

②回油路：电液换向阀 4 的主阀的左端→左节流阀→电液换向阀 4 的先导阀的右位→油箱。

2）主油路。

①进油路：滤油器 1→变量叶片泵 2→单向阀 3→电液换向阀 4 的主阀的右位→液压缸 5 右腔。

②回油路：液压缸 5 左腔→单向阀 7→电液换向阀 4 的主阀的右位→油箱。

（6）原位停止。当动力滑台快退到原始位置时，挡块压下行程开关，使电磁铁 2YA 断电，这时电磁铁 1YA、2YA、3YA 都失电，电液换向阀 4 的先导阀及主阀都处于中位，液压缸 5 两腔被封闭，动力滑台停止运动，锁紧在起始位置上。变量叶片泵 2 通过电液换向阀 4 的中位卸荷。其油路如下。

1）控制油路。

①回油路 a：电液换向阀 4 的主阀的左端→左节流阀→电液换向阀 4 的先导阀的中位→油箱。

②回油路 b：电液换向阀 4 的主阀的右端→右节流阀→电液换向阀 4 的先导阀的中位→油箱。

2）主油路。

①进油路 a：滤油器 1→变量叶片泵 2→单向阀 3→电液换向阀 4 的先导阀的中位→油箱。

②回油路 a：液压缸 5 左腔→单向阀 7→电液换向阀 4 的先导阀的中位（堵塞）。

③回油路 b：液压缸 5 右腔→电液换向阀 4 的先导阀的中位（堵塞）。

4.1.2　YT4543 型动力滑台液压系统特点

通过对 YT4543 型动力滑台液压系统的分析，可知该系统具有如下特点。

（1）YT4543 型动力滑台液压系统采用了由限压式变量叶片泵和调速阀组成的进油路容积节流调速回路，这种回路能够使动力滑台得到稳定的低速运动和较好的速度负载特性，而且由于系统无溢流损失，系统效率较高。另外，回路中设置了背压阀，可以改善动力滑台运动的平稳性，并能使动力滑台承受一定的反向负载。

（2）YT4543 型动力滑台液压系统采用了限压式变量叶片泵和液压缸的差动连接来获得较大的快进速度，并且这种方式能量利用较合理。动力滑台停止运动时，采用单向阀和 M 形中位机能的换向阀串联的回路使液压泵在低压下卸荷，减少能量损耗的同时，又使控制油路保持一定的压力，以保证下一工作循环的顺利启动。

（3）YT4543 型动力滑台液压系统采用行程换向阀和液控顺序阀实现快进与工进的速度换接，动作可靠，换接位置精度高。

（4）在第二次工作进给结束时，采用了死挡铁停留，提高了进给时的位置精度，同时扩大了动力滑台的工艺范围，更适用于镗削阶梯孔、锪孔和锪端面等加工工序。

（5）由于采用了调速阀串联的二次进给调速方式，可使启动和速度换接时的前冲量较小，并便于利用压力继电器发出信号进行控制。调速阀可起到加载的作用，可在刀具与工件接触之前就能可靠地转入工作进给，因此不会引起刀具和工件的突然碰撞。

任务分析

要达到动力滑台工作时的性能要求，就必须将各液压元件有机地组合，形成完整有效的液压控制回路。在动力滑台中，进给运动其实是由液压缸带动主轴头从而完成整个进给运动的。因此，组合机床液压回路的核心问题是如何来控制液压缸的动作。

根据前面已学习的知识，需要组成换向回路、调速回路、快速运动回路、速度换接回路、卸荷回路等回路，从而完成快进→第一次工进→第二次工进→死挡铁停留→快退→原位停止一系列工作循环过程。

任务实施

1. 分析液压系统图

液压系统图的分析可以考虑以下几个方面：

(1) 液压基本回路的确定是否符合主机的动作要求。

(2) 各主油路之间、主油路与控制油路之间有无矛盾和干涉现象。

(3) 液压元件的代用、变换和合并是否合理、可行。

(4) 液压系统性能的改进方向。

2. 实施步骤

(1) 根据所给回路图，找出相应的液压元件。

(2) 按照指导教师要求，学生分组利用仿真软件绘制回路并进行仿真，验证其功能的正确性。

(3) 仿真正确后，按照指导教师要求，学生分组在实训台固定液压元件。

(4) 按图 4-2 所示的液压回路图接好油路和电路。

(5) 检查无误后启动液压泵，观察回路运行情况。

(6) 分析并说明各控制元件在回路中的作用。

(7) 填写电磁铁动作顺序表。

(8) 分析系统由哪些基本回路组成并总结系统的特点，对遇到的问题进行分析并解决。

(9) 完成实训并经老师检查评价后，关闭电源，拆下管线和元件放回原处。

(10) 各组集中，教师点评，学生提问，并完成实训报告。

(11) 教师巡回指导，并及时给每位学生打操作分数。

3. 考核标准

考核单

考核项目	考核要求	配分	评分标准	扣分	得分	备注
元件选择	正确快速选择液压元件	10	1. 选择液压元件错误，扣10分； 2. 选择元件速度慢，扣5分			
安装连接	正确快速连接液压元件	30	1. 连接错误一处，扣10分； 2. 连接超时，扣2～5分； 3. 管路连接质量差，扣5分			
回路运行	正确运行，调试回路	40	1. 不会正确调试压力控制阀与流量控制阀，扣20分； 2. 不会解决运行中遇到的问题，扣20分			
拆卸回路	正确、合理拆卸回路	5	1. 没有按规定程序拆卸回路，扣5分； 2. 没有将元件按规定涂油，扣5分； 3. 没有将元件按规定放置，扣2分			
安全生产	自觉遵守安全文明生产规程	10	不遵守安全文明生产规程，扣10分			

考核项目	考核要求	配分	评分标准	扣分	得分	备注
实训报告	按时按质完成实训报告	5	1. 没有按时完成实训报告，扣5分 2. 实训报告质量差，扣2～5分			
自评得分		小组互评得分		教师签名		

任务 4.2   YB32-200 型四柱万能液压压力机的液压系统的调试与维护

任务描述

分析 YB32-200 型四柱万能液压压力机（简称液压机）的液压系统的工作原理，并搭建系统回路，要求：

（1）利用仿真软件完成回路的绘制并仿真验证其正确。

（2）使用液压实训台连接液压回路实现进给动作。

任务目标

1. 掌握 YB32-200 型四柱万能液压压力机的液压系统的工作原理。

2. 会分析 YB32-200 型四柱万能液压压力机的液压系统工作特点。

3. 能够分析 YB32-200 型四柱万能液压压力机的液压系统故障，了解安全生产的重要性。

4.2.1   YB32-200 型四柱万能液压压力机的液压系统分析

液压压力机是一种能完成锻压、冲压、折边、弯曲、成型打包等工艺的压力加工机械，可用于加工金属、塑料、木材、皮革、橡胶等各种材料。液压机的类型很多，按所用的工作液体可分为油压机和水压机两种；按机体结构可分为单臂式、柱式、框式三种，如图4-3所示，其中，柱式液压机应用较广泛。液压机的液压系统以压力控制为主，在压制工件时系统压力高，但速度低；而空行程时速度高，流量大，压力低，因此各工作阶段的换接要平稳，功率的利用要合理。机床中由液压系统实现的动作有卡盘的夹紧与松开、刀架的夹紧与松开、刀架的正转与反转、尾座套筒的伸出与缩回。液压系统中各电磁阀的电磁铁动作由数控系统的 PLC 控制实现。试分析 YB32-200 型四柱万能液压压力机的液压系统工作过程。

(a)　　　　　　　　　　(b)　　　　　　　　　　(c)

图 4-3   液压机

(a) 单臂式；(b) 柱式；(c) 框式

4.2.1.1 YB32-200型四柱万能液压压力机简介

YB32-200型四柱万能液压压力机有上、下两个液压缸，安装在4个立柱之间，在这种液压机上，可以进行冲剪、弯曲、翻边、拉深、装配、冷挤、成型等多种加工工艺。上液压缸为主缸，驱动上滑块实现"快速下行→慢速加压→保压延时→泄压换向→快速退回→原位停止"的工作循环。下液压缸为顶出缸，驱动下滑块实现"向上顶出→停留→向下退回→原位停止"的工作循环。在进行薄板件拉伸压边时，要求下滑块实现"上位停留→浮动压边（下滑块随上滑块短距离下降）→上位停留"工作循环。图4-4所示为YB32-200型液压压力机工作循环。

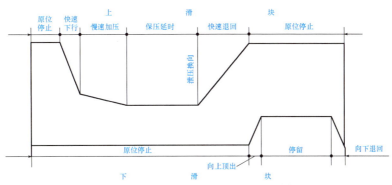

图4-4 YB32-200型液压压力机工作循环

YB32-200型四柱万能液压压力机主缸最大压制力为2 000 kN，其压力系统的最高工作压力为32 MPa。图4-5所示为YB32-200型四柱万能液压压力机的液压系统。该压力机的液压系统由主缸、顶出缸、轴向柱塞式变量泵1、安全阀2、远程调压阀3、减压阀4、电磁换向阀5、液动换向阀6、顺序阀7、预泄换向阀8、主缸安全阀13、顶出缸电液换向阀14等元件组成。该系统采用变量泵-液压缸式容量调速回路，工作压力范围为10～32 MPa，其主油路的最高工作压力由安全阀2限定，实际工作压力可由远程调压阀3调整。控制油路的压力可由减压阀4调整。液压泵的卸荷压力可由顺序阀7调整。

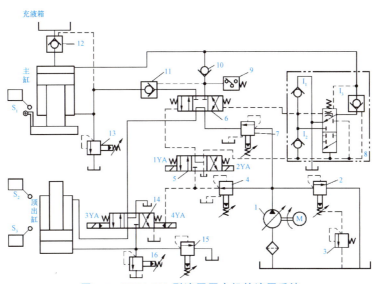

图4-5 YB32-200型液压压力机的液压系统

1—轴向柱塞式变量泵；2—安全阀；3—远程调压阀；4—减压阀；5—电磁换向阀；
6—液动换向阀；7—顺序阀；8—预泄换向阀；9—压力继电器；10—单向阀；
11、12—液控单向阀；13—主缸安全阀；14—顶出缸电液换向阀；15—背压阀；16—安全阀

4.2.1.2　YB32-200型四柱万能液压压力机液压系统的工作原理

YB32-200型四柱万能液压压力机在压制工件时，其压力系统中主缸和顶出缸分别完成图4-4所示工作循环时的油路，该系统中电磁铁动作顺序见表4-2。其工作原理分析如下。

表4-2　电磁铁动作顺序

工作循环液压缸		信号来源	1YA +	1YA −	2YA +	2YA −	3YA +	3YA −	4YA +	4YA −
主缸	快速下行	按启动按钮	+			−		−		−
	慢速加压	上滑块压住工件	+							
	保压延时	压力继电器发信号		−						
	泄压换向	时间继电器发信号		−	+					
	快速退回	预泄换向阀换为下位			+					
	原位停止	行程开关 S_1								
顶出缸	向上顶出	行程开关 S_1 或按钮							+	
	向下退回	时间继电器发信号		−			+			
	原位停止	终点开关 S_2								

注：“＋”表示电磁铁通电；“—”表示电磁铁短电

1. 主缸运动

（1）快速下行。按下启动按钮，电磁铁1YA通电，电磁换向阀5左位接入系统，控制油路进入液动换向阀6的左端，阀右端回油，故液动换向阀6左位接系统。主油路中的压力油经顺序阀7、液动换向阀6及单向阀10进入主缸上腔，并将液控单向阀11打开，使下腔回油，上滑块快速下行，缸上腔压力降低，主缸顶部充液箱的油经液控单向阀12向主缸上腔补油。油路如下。

1）控制油路（使阀6左位接入系统）。

①进油路：泵1→减压阀4→阀5（左）→阀6左端。

②回油路：阀6右端→单向阀 I_2 →阀5（左）→油箱。

2）主油路（使上滑块快速下行）。

①进油路：泵1→顺序阀7→阀6（左）→阀11（使液控单向阀开启）。
　　　　　　　　　　　　　　　　└→单向阀10→缸上腔。
　　　　　　充油箱→阀12——————————↑

②回油路：缸下腔→阀11→阀6（左）→阀14（中）→油箱。

（2）慢速加压。当主缸上滑块接触到被压制的工件时，主缸上腔压力升高，液控单向阀12关闭，且液压泵流量自动减小，滑块下移速度降低，慢速压制工件。这时除充油箱不再向液压缸上腔供油外，其余油路与快速下行油路完全相同。

（3）保压延时。当主缸上腔油压升高至压力继电器9的开启压力时，压力继电器发信号，使电磁铁1YA断电，阀5换为中位。这时阀6两端油路均通油箱，因而阀6在两端弹簧力作用下换为中位，主缸上、下腔油路均被封闭保压；液压泵则经阀6中位、阀14中位卸荷。同时，压力继电器还向时间继电器发送信号，使时间继电器开始延时。保压时间由时间继电器在0～24 min范围内调节。保压延时的油路如下。

1）控制油路（使阀 6 换为中位）。

①控制油路 a：阀 6 左端→阀 5（中）→油箱。

②控制油路 b：阀 6 右端→单向阀 I_2→阀 5（中）→油箱。

2）主油路。

①进油路：泵 1→顺序阀 7→阀 6（中）→阀 14（中）→油箱。（泵卸荷）

②回油路：主缸上腔 → 单向阀 10（闭）。

       → 液控单向阀 I_3（闭）。 （油路封闭，系统延时保压）

    主缸下腔 → 液控单向阀 11（闭）。

该系统也可利用行程控制使系统由慢速加压阶段转为保压延时阶段，即当慢速加压，上滑块下移至预定的位置时，由与上滑块相连的动力件上的挡块压下行程开关（图中未画出）发出信号，使阀 5、阀 6 换为中位停止状态，同时向时间继电器发出信号，使系统进入保压延时阶段。

（4）泄压换向。保压延时结束后，时间继电器发出信号，使电磁铁 2YA 通电，阀 5 换为右位。控制油经阀 5 进入液控单向阀 I_3 的控制油腔，顶开其卸荷芯（液控单向阀 I_3 带有卸荷阀芯），使主缸上腔油路的高压油液经 I_3 卸压阀芯上的槽口及预泄换向阀 8 上位（图示位置）的孔道连通，从而使主缸上腔油泄压。其油路如下。

1）控制油路。进油：泵 1→阀 4→阀 5（右）→ I_3（使 I_3 卸荷阀芯开启）。

2）主油路。回油：主缸上腔→ I_3（卸荷阀芯槽口）→阀 8（上）→油箱（主缸上腔泄压）。

（5）快速退回。主缸上腔泄压后，在控制油压作用下，阀 8 换为下位，控制油经阀 8 进入阀 6 右端，阀 6 左端回油。因此，阀 6 右位接入系统。在主油路中，压力油经阀 6、阀 11 进入主缸下腔，同时将液控单向阀 12 打开，使主缸上腔油返回充油箱，上滑块则快速上升，退回至原位。其油路如下。

1）控制油路（使阀 6 换为右位）。

①进油路：泵 1→阀 4→阀 5（右）→阀 8（下）→阀 6 右端。

②回油路：阀 6 左端→阀 5（右）→油箱。

2）主油路（上滑块快速退回）。

①进油路：泵 1→阀 7→阀 6（中）——→主缸上腔。

            →阀 12 控制口。

②回油路：主缸上腔→阀 12→油箱。

（6）原位停止。当上滑块返回至原始位置，压下行程开关 S_1 时，使电磁铁 2YA 断电，阀 5 和阀 6 换为中位（阀 8 复位），主缸上、下腔封闭，上滑块停止运动。阀 13 为主缸安全阀，起平衡上滑块重量的作用，可防止与上滑块相连的运动部件在上位时因自重而下滑。

2. 顶出缸运动

（1）向上顶出。当主缸返回原位、压下行程开关 S_1 时，除使电磁铁 2YA 断电、主缸原位停止外，还使电磁铁 4YA 通电、阀 14 换为右位。压力油经阀 14 进入顶出缸下腔，其上腔回油，下滑块上移，将压制好的工件从模具中顶出。这时系统的最高工作压力可由溢流阀 15 调整。其油路如下。

1）主油路（使下滑块上移顶出工件）。

2）进油路：泵 1→阀 7→阀 6（中）→阀 14（右）→缸下腔。

3）回油路：缸上腔→阀 14（右）→油箱。

（2）停留。当下滑块上移到其活塞碰到缸盖时，便可停留在这个位置上。同时，碰到上位开关 S₂，使时间继电器动作，延时停留。停留时间可由时间继电器调整。这时的油路未变。

（3）向下退回。当停留结束时，时间继电器发出信号，使电磁铁 3YA 通电（4YA 断电），阀 14 换为左位。压力油进入顶出缸上腔，其下腔回油，下滑块下移。其油路如下。

1）主油路（使下滑块下移）。

2）进油路：泵 1→阀 7→阀 6（中）→阀 14（左）→缸上腔。

3）回油路：缸下腔→阀 14（左）→油箱。

（4）原位停止。当下滑块退至原位时，滑块压下下位开关 S₃，使电磁铁 3YA 断电，阀 14 换为中位，运动停止。缸上腔和泵油均为阀 14 中位通油箱。

3. 浮动压边

（1）上位停留。先使电磁铁 4YA 通电，阀 14 换为右位，顶出缸下滑块上升至顶出位置，由行程开关或按钮发送信号使 4YA 再断电，阀 14 换为中位，使下滑块停在顶出位置上。这时顶出缸下腔封闭，上腔通油箱。

（2）浮动压边。浮动压边时主缸上腔进压力油（主缸油路同慢速加压油路），主缸下腔油进入顶出缸上腔，顶出缸下腔油可经阀 15 流回油箱。

主缸上滑块下压薄板时，下滑块也在此压力下随之下行。这时阀 15 为背压阀，它能保证顶出缸下腔有足够的压力。阀 16 为安全阀，它能在阀 15 堵塞时起过载保护作用。浮动压边时的油路如下。

1）主油路（使上下滑块同时下移，浮动压边）。

2）进油路：主缸下腔→阀11→阀 6（左）→阀14（中）→顶出缸上腔。

油箱 ─────↑

3）回油路：顶出缸下腔→阀 15→油箱。

4.2.2 YB32-200 型四柱万能液压压力机的液压系统特点

（1）系统采用高压泵——恒功率斜盘式轴向柱塞泵供油。其特点是空载快速时油压低而供油量大。在系统压制工件时，其工作压力能根据需要进行自动控制和调节。系统中设置了远程调压阀，这样可在压制不同材质、不同规格的工件时，对系统的最高工作压力进行调节，以获得最理想的压制力，使用方便，同时利用溢流阀防止系统过载。

（2）系统采用电液换向阀控制液压缸换向，便于用小规格的、反应灵敏的电磁阀控制高压大流量的液动换向阀，使主油路换向。其控制油路采用了串有减压阀的减压回路，其工作压力比主油路低而平稳，既能减少功率消耗，降低泄漏损失，还能使主油路换向平稳。

（3）系统采用两主换向阀中位串联的互锁回路，即当主缸工作时，顶出缸油路被断开，停止运动；当顶出缸工作时，主缸油路断开，停止运动。这样能避免操作不当时出现事故，保证了安全生产。当两缸主换向阀均为中位时，液压泵卸荷，其油路上串接一顺序阀，其调整压力约为 2.5 MPa，可使泵的出口保持低压，以便快速启动。

（4）系统采用顶置充液箱，在上滑块快速下行时直接从缸的上方向主缸上腔补油，从而使系统采用流量较小的泵供油的同时，又可避免在长管道中有高速大流量油流而造成能量的损耗和故障，还减小了下置油箱的尺寸（充油箱与下置油箱有管路连通，上箱油量超过一定量时可溢回下油箱）。

（5）系统采用液压单向阀和顺序阀组成的平衡锁紧回路，使上缸滑块在任何位置能够停止，且能够长时间保持在位置上。

（6）系统采用了预泄换向阀，使主缸上腔卸压后才能换向，这样可使换向平稳，无噪声和液压冲击。

任务分析

根据前面已学习的知识，该系统主要由换向回路、快慢速换接回路、压力控制回路和平衡锁紧回路等组成，从而完成液压机上滑块和下滑块的工作过程。

任务实施

1. 液压系统图的分析

液压系统图的分析可以考虑以下几个方面：

（1）液压基本回路的确定是否符合主机的动作要求。

（2）各主油路之间、主油路与控制油路之间有无矛盾和干涉现象。

（3）液压元件的代用、变换和合并是否合理、可行。

（4）液压系统性能的改进方向。

2. 实施步骤

（1）根据所给回路图，找出相应的液压元件。

（2）按指导教师要求，学生分组利用仿真软件绘制回路并进行仿真，验证其功能的正确性。

（3）仿真正确后，按照指导教师要求，学生分组在实训台固定液压元件。

（4）按图 4-5 所示的液压回路图接好油路和电路。

（5）检查无误后启动液压泵，观察回路运行情况。

（6）分析并说明各控制元件在回路中的作用。

（7）填写电磁铁动作顺序表。

（8）分析液压系统由哪些基本回路组成并总结系统的特点。对遇到的问题进行分析并解决。

（9）完成实训并经老师检查评价后，关闭电源，拆下管线和元件放回原处。

（10）各组集中，教师点评，学生提问，并完成实训报告。

（11）教师巡回指导，并及时给每位学生打操作分数。

任务评价

考核单

考核项目	考核要求	配分	评分标准	扣分	得分	备注
元件选择	正确快速选择液压元件	10	1. 选择液压元件错误，扣10分 2. 选择元件速度慢，扣5分			
安装连接	正确快速连接液压元件	30	1. 连接错误一处，扣10分 2. 连接超时，扣2～5分 3. 管路连接质量差，扣5分			
回路运行	正确运行，调试回路	40	1. 不会正确调试压力控制阀与流量控制阀，扣20分 2. 不会解决运行中遇到的问题，扣20分			

考核项目	考核要求	配分	评分标准	扣分	得分	备注
拆卸回路	正确、合理拆卸回路	5	1. 没有按规定程序拆卸回路，扣 5 分 2. 没有将元件按规定涂油，扣 5 分 3. 没有将元件按规定放置，扣 2 分			
安全生产	自觉遵守安全文明生产规程	10	不遵守安全文明生产规程，扣 10 分			
实训报告	按时按质完成实训报告	5	1. 没有按时完成实训报告，扣 5 分 2. 实训报告质量差，扣 2～5 分			
自评得分		小组互评得分		教师签名		

任务 4.3　MJ-50 型数控车床液压系统的调试与维护

任务描述

随着工作时间的增加及环境的影响，MJ-50 型数控车床液压系统会出现一些工作上的异常现象，如产生噪声和振动、油温过高等。出现这些故障后，应如何检查和修理液压系统？

任务目标

1. 掌握 MJ-50 型数控车床液压系统的工作原理。
2. 能够分析 MJ-50 型数控车床液压系统工作特点。
3. 能够分析 MJ-50 型数控车床液压系统故障，了解安全生产的重要性。

4.3.1　MJ-50 型数控车床液压系统分析

MJ-50 型数控车床是两坐标连续控制的卧式车床，主要用来加工轴类零件的内外圆柱面、圆锥面、螺纹表面、成型回转体表面，对于盘类零件可进行钻孔、扩孔、铰孔和镗孔等加工，还可以完成车端面、切槽、倒角等加工。MJ-50 型数控车床液压系统主要承担卡盘、回转刀架与回转刀盘及尾架套筒的驱动与控制。它能实现卡盘的夹紧与放松及两种夹紧力（高与低）之间的转换；回转刀盘的正反转及其松开与夹紧；尾架套筒的伸缩。液压系统的所有电磁铁的通、断均由数控系统用 PLC 来控制。

MJ-50 型数控车床液压系统由卡盘、回转刀盘与尾架套筒三个分系统组成，并以一变量液压泵为动力源，系统的压力调定为 4 MPa。

图 4-6 所示为 MJ-50 型数控车床液压系统的原理。机床中由液压系统实现的动作有卡盘的夹紧与松开、刀架的夹紧与松开、刀架的正转与反转、尾座套筒的伸出与缩回，表 4-3 所示为实现工作要求的电磁铁动作顺序。液压系统中各电磁阀的电磁铁动作由数控系统的 PLC 控制实现。从图中可以看出，组成 MJ-50 型数控车床液压系统的基本回路有换向回路、快速运动回路、节流调速回路、容积式节流调速回路、减压回路、调压回路等。

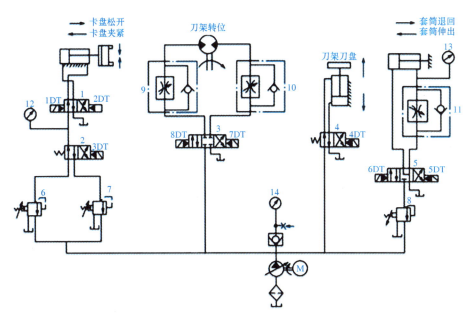

图 4-6　MJ-55 型数控车床液压系统的原理

1~5—换向阀；6~8—减压阀；

9~11—调速阀；12~14—压力表

表 4-3　实现工作要求的电磁铁动作顺序

动作顺序			电磁铁							
			1YA	2YA	3YA	4YA	5YA	6YA	7YA	8YA
卡盘正卡	高压	夹紧	+	−	−					
		松开	−	+	−					
	低压	夹紧	+	−	+					
		松开	−	+	+					
卡盘反卡	高压	夹紧		+	−					
		松开	+	−	−					
	低压	夹紧		+	+					
		松开	+	−	+			−	+	
回转刀架	刀架正转								+	−
	刀架反转									
	刀架松开					+				
	刀架夹紧					−				
尾座	套筒伸出					−	+			
	套筒退回					+	−			

1. 卡盘分系统

卡盘分系统的执行元件是一个液压缸，控制油路则由一个有两个电磁铁的二位四通换向阀 1、一个二位四通换向阀 2、两个减压阀 6 和 7 组成。

（1）高压夹紧（3DT－、1DT＋）。换向阀 2 和 1 均位于左位。这时活塞左移使卡盘夹紧（称正卡或外卡），夹紧力的大小可通过减压阀 6 调节。由于减压阀 6 的调定值高于减压阀 7，所以卡盘处于高压夹紧状态。

1）进油路：液压泵→减压阀 6→换向阀 2→换向阀 1→液压缸右腔。

2）回油路：液压缸左腔→换向阀 1→油箱。

（2）卡盘松夹（2DT＋、1DT－）。阀 1 切换至右位。此时活塞右移，卡盘松开。

1）进油路：液压泵→减压阀 6→换向阀 2→换向阀 1→液压缸左腔。

2）回油路：液压缸右腔→换向阀 1→油箱。

（3）低压夹紧：油路与高压夹紧状态基本相同，唯一的不同是这时 3DT 得电而使换向阀 2 切换至右位，因而液压泵的供油只能经减压阀 7 进入分系统。通过调节减压阀 7 便能实现低压夹紧状态下的夹紧力。

2. 回转刀盘分系统

回转刀盘分系统有两个执行元件，刀盘的松开与夹紧由液压缸执行，而液压马达驱动刀盘回转。因此，分系统的控制回路也有两条支路。第一条支路由三位四通换向阀 3 和两个单向调速阀 9 和 10 组成。通过三位四通换向阀 3 的切换控制液压马达，即刀盘正、反转，而两个单向调速阀 9、10 与变量液压泵，使液压马达在正、反转时都能通过进油路容积节流调速来调节旋转速度。第二条支路控制刀盘的放松与夹紧，它是通过二位四通换向阀的切换来实现的。

刀盘的完整旋转过程：刀盘松开→刀盘通过左转或右转就近到达指定刀位→刀盘夹紧。因此电磁铁的动作顺序是 4DT 得电（刀盘松开）→8DT（正转）或 7DT（反转）得电（刀盘旋转）→8DT（正转时）或 7DT（反转时）失电（刀盘停止转动）→4DT 失电（刀盘夹紧）。

3. 尾架套筒分系统

尾架套筒通过液压缸实现顶出与缩回。控制回路由减压阀 8、三位四通换向阀 5 和单向调速阀 11 组成。分系统通过调节减压阀 8，将系统压力降为尾架套筒顶紧所需的压力。单向调速阀 11 用于在尾架套筒伸出时实现回油节流调速控制伸出速度。

（1）尾架套筒伸出（6DT＋）。其油路：

1）进油路：液压泵→减压阀 8→换向阀 5（左位）→液压缸的无杆腔。

2）回油路：液压缸有杆腔的液压油→阀 11 的调速阀→换向阀 5→油箱。

（2）尾架套筒缩回（5DT＋）。其油路：

1）进油路：液压泵→减压阀 8→换向阀 5（右位）→阀 11 的单向阀→液压缸的有杆腔。

2）回油路：液压缸有杆腔的液压油→换向阀 5→油箱。

4.3.2 MJ-50 型数控车床液压系统特点

（1）系统采用电磁换向阀切换来实现动作顺序。数控机床控制的自动化程度要求较高，对动作的顺序要求较严格，并有一定的速度要求。所以，采用电磁换向阀能更好地控制顺序动作。

（2）系统采用减压阀来保证支路压力的恒定。由于数控机床的主运动已趋于直接用伺服电动机驱动，所以，液压系统的执行元件主要承担各种辅助功能，虽其负载变化幅度不是太大，但要求稳定。用减压阀调节卡盘高压夹紧或低压夹紧压力的大小以及尾座套筒伸出工作时的预紧力大小，以适应不同工件的需要，操作方便简单。

正确地维护和保养液压传动系统是延长液压传统系统正常使用寿命的重要措施。MJ-50 型数控车床随着工作时间的增加及环境的影响，液压传动系统会出现一些工作上的异常现象，例如，产生噪声和振动、发生爬行、油温过高等。出现这些故障后，需要检查和修理液压传动系统。该项目通过讲述液压传动系统的检修和故障分析方法，使学生能够检修数控机床工作中常见的几种故障。

MJ-50 型数控车床液压系统常见故障及检修方法流程如图 4-7 所示。

1. 系统产生噪声和振动

（1）原因之一：液压系统中的气穴现象。针对这个原因，应检查排气装置是否工作可靠，同时应在开车后，使执行元件快速全行程往复几次排气。

（2）原因之二：液压泵或液压马达方面，一是各密封处的密封性能降低；二是由于使用中液压泵零件磨损，造成间隙过大，流量不足，压力波动大。此时应更换密封件，调整各处间隙，或者更换液压泵。

（3）原因之三：溢流阀不稳定引起压力波动和噪声。对此，应清洗、疏通阻尼孔。

（4）原因之四：换向阀的调整不当使阀芯移动太快，造成换向冲击，因而产生噪声与振动。调整控制油路中的节流元件能够有效避免换向产生的冲击。

（5）原因之五：机械振动，管道固定装置松动，在油液流动时，引起管子抖动。在检修过程中应仔细检查各固定点是否可靠。

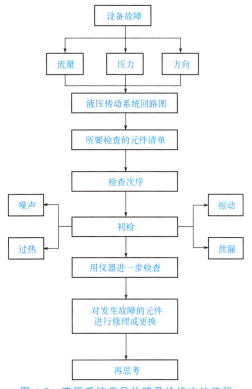

图 4-7 液压系统常见故障及检修方法流程

2. 液压传动系统发生爬行

（1）原因之一：液压油中混有空气。因空气的压缩性较大，含有气泡的液体达到高压区而受到剧烈压缩使油液体积变小，从而造成工作部件产生爬行。一般可在高处部件设置排气装置，将空气排除。

（2）原因之二：相对运动部件间的摩擦阻力太大或摩擦阻力不断变化，使工作部件在运动时产生爬行现象。在检修中应重点检查活塞、活塞杆等零件的形位公差及表面粗糙度是否符合要求，同时应保证液压系统和液压油的清洁，以免污物进入相对运动部件的表面之间，从而增大摩擦阻力。

（3）原因之三：密封件密封不良使液压油产生泄漏而导致爬行。这时要更换密封件，检查连接处是否可靠，同时对于旧设备也可加大液压泵的流量来抑制爬行现象的产生。

3. 油温过高

（1）原因之一：系统压力调定过高，使油温过高。应适当降低调定值。

（2）原因之二：液压泵和各连接处产生泄漏，造成容积损失而发热。这时应紧固各连接处，并修理液压泵，严防泄漏。

（3）原因之三：卸荷时或安全阀压力开关工作不良时，系统不能有效地在空闲时卸荷，造成油温上升。应重新进行调节，改善阀的工作情况，使之符合要求。

（4）原因之四：油液黏度过高，使内摩擦增大造成发热严重。应改用合适的液压油，并定期更换。

（5）原因之五：液压散热系统工作不良。散热系统表面随使用时间的增加，附着了灰尘，降低了散热效果，这时应对其做好清理工作。

任务实施

（1）根据实验需要选择元件，并检验元件的使用性能是否正常。

（2）在看懂原理图的基础上，搭接实训回路。

（3）确认连接安装正确、稳妥，将动力元件调节装置的调压旋钮旋松，通电开启泵，待泵工作正常后，再次调节调压旋钮，使回路中的压力在系统工作压力以内。

（4）对回路中出现的问题进行分析并排除。

（5）完成实训并经教师检查评价后，关闭电源，拆下管线和元件放回原处。

（6）各组集中，教师点评，学生提问，并完成实训报告。

教师巡回指导，并及时给每位学生打操作分数。

任务评价

考核单

考核项目	考核要求	配分	评分标准	扣分	得分	备注
元件选择	正确快速选择液压元件	10	1. 没有正确快速选择液压元件，扣5分 2. 选择元件速度慢，扣5分			
安装连接	正确快速连接液压元件	40	1. 连接错误一处，扣10分 2. 连接超时10 min以上，扣5分 3. 管路连接质量差，扣5分			
回路运行	正确运行，调试回路	20	1. 不按规定运行回路，扣5分 2. 不会解决运行中遇到的问题，扣15分			
拆卸回路	正确、合理拆卸回路	15	1. 没有按规定程序拆卸回路，扣10分 2. 没有将元件按规定放置，扣5分			
安全生产	自觉遵守安全文明生产规程	10	不遵守安全文明生产规程，扣10分			
实训报告	按时按质完成实训报告	5	1. 没有按时完成实训报告扣5分 2. 实训报告质量差，扣2~5分			
自评得分		小组互评得分		教师签名		

项目分析

简单的液压系统可以只包含一条回路，而复杂的液压系统由多条回路组成。它可以包含多个液压源、执行元件及控制调节装置。设备的液压系统原理图表明了组成液压系统的所有液压元件和它们之间相互连接的情况，以及各执行元件所实现的运动循环和循环的控制方式。通过读图可以了解液压系统的组成、工作原理和特点，从而为正确使用、调整、维护液压设备奠定必要的基础。

项目实施

（1）对于典型液压系统的组件，必须具有足够的知识，如液压示意图、电气示意图、管道布置图、液压组件、液压附件和连接管等。

（2）要根据液压件清单确定数量和质量状态，并检查压力表的数据显示。然后确认组件的详细信息，包括组件的产品型号、存储条件、密封条件、固定零件的密封性、阀块连接的光滑度、组件的卫生状况及对组件的确认。

（3）需要确认液压系统附件的质量，如油箱的清洁度、机油滤清器的规格和型号及滤芯的精度、密封件的质量确认及油缸的质量检查。蓄能器、空气滤清器、混合器的气压测试及连接器的各种指标测试。

（4）典型液压系统的调试一般应按泵站调试、系统调试的顺序进行。各种调试项目均由部分到系统整体逐项进行，即部件、单机、区域联动、机组联动等。

（5）结合以上理解，用费斯托仿真软件搭建完成本项目中的典型液压系统，同时利用液压实训台搭接完成各典型液压系统中的主要液压回路。

项目评价

考核标准						
班级		组名			日期	
考核项目名称						
考核项目	具体说明		分值	教师	组	自评
液压典型回路的设计安装、调试	回路设计过程中元件选择正确		30			
	回路仿真能满足设计要求		40			
	操作规范，团队协作，按照7S管理		20			
元件的英文名称	表述正确		10			
成绩评定	教师70%＋其他组20%＋自评10%					

拓展知识

知识点1 液压控制系统的安装、调试及使用维护

一、液压系统的安装

安装液压系统时，应注意以下事项。

（1）安装前检查各油管是否完好无损并进行清洗。对液压元件要用煤油或柴油进行清洗，自制重要元件应进行密封和耐压试验。试验压力可取工作压力的2倍或最高工作压力的1.5倍。

微课：液压系统安装调试与维护

（2）液压泵、液压马达与电动机、工作机构间的同轴度偏差应在0.1 mm以内，轴线间倾角不大于1°。避免用过大的力敲击泵轴和液压马达轴，以免转子损坏。同时，泵与马达的旋转方向及进、出油口方向不得接反。

（3）液压缸安装时，要保证符合活塞杆的轴线与运动部件导轨面平行度的要求。活塞杆轴线对两端支座的安装基面，其平行度误差不得大于0.05 mm。对行程较长的油缸，活塞杆与工作台的连接应保持浮动，以补偿安装误差产生活塞杆卡住和补偿热膨胀的影响。

（4）电磁阀的回油、减压阀和顺序阀等的泄油与回油管连通时不应有背压，否则应单设回油管；溢流阀的回油管口与液压泵的吸油口不能靠得太近，以免吸入温度较高的油液；方向阀一般应保持轴线水平安装。

（5）辅助元件的安装。应严格按设计要求的位置安装，并注意整齐、美观，在符合设计要求

的情况下，尽量考虑使用、维护和调整的方便。例如，蓄能器应保持轴线竖直安装，并安装在易用气瓶充气的地方；过滤器应安装在易于拆卸、检查的位置等。

（6）液压元件在安装时用力要恰当，防止用力过大使元件变形，从而造成漏油或某些零件不能运动。安装时需要清除被密封零件的尖角，防止损坏密封件。

（7）各油管接头处要装紧和密封良好，管道尽可能短，避免急拐弯，拐弯的位置越少越好，以减少压力损失。吸油管宜短、粗，一般吸油口装有滤油器，滤油器必须至少在油面以下 200 mm。回油管应远离吸油管并插入油箱液面之下，可防止回油飞溅而产生气泡并很快被吸入泵内，回油管口应切成 45° 斜面并朝向箱壁以扩大通流面积。

（8）系统全部管道应进行两次安装，即第一次配管试装合适后拆下管路，用 20% 的硫酸或盐酸溶液进行酸洗，再用 10% 的苏打水中和 15 min，最后用温水冲洗，待干燥涂油后进行第二次正式安装。

（9）系统安装完毕后，应采用清洗油对内部进行清洗，油温为 50 ℃~80 ℃。清洗时在回油路上设置滤油器，开始时液压泵间歇运转，然后长时间运转 8~12 h，清洗到滤油器的滤芯上不再有杂质时为止。复杂系统可分区清洗。

二、液压系统的调试

新设备在安装以后以及设备经过修理之后，必须对液压设备按有关标准进行调试，以保证系统能够安全可靠地工作。

在调试前，应清楚液压系统的工作原理和性能要求；明确机械、液压和电气三者的功能和彼此联系；熟悉系统的各种操作和调节手柄的位置及旋向等；检查各液压元件的连接是否正确可靠，液压泵的转向、进出油口是否正确，油箱中是否有足够的油液，检查各控制手柄是否在关闭或卸荷的位置，各行程挡块是否紧固在合适的位置等。检查无问题时，可按照以下步骤进行试车。

1. 空载试车

空载试车时先启动液压泵，检查该泵在卸荷状态下的运转。正常后，即可使其在工作状态下运转。一般运转开始时要点动 3~5 次，每次点动时间可逐渐延长，直到使液压泵在额定转速下运转。

液压泵运转正常后，可以调节压力控制元件。各压力阀应按其实际所处位置，从溢流阀依次调整，将溢流阀逐渐调整到规定的压力值，使泵在工作状态下运转，检查溢流阀在调节过程中有无异常声响，压力是否稳定，必须检查系统各管道接头、元件接合面处有无漏油。其他压力阀可根据工作需要进行调整。压力调定后，应将压力阀的调整螺杆锁紧。

按压相应的按钮，使液压缸做全行程的往复运动，往返数次将系统中的空气排掉。如果缸内混有空气，会影响其运动的平稳性，引起工作台在低速运动时产生爬行现象，同时会影响机床的换向精度。

然后调整自动工作循环和顺序动作，检查各动作的协调性和顺序动作的正确性，检查启动、换向和速度换接是否平稳有无泄漏、爬行、冲击等现象。

在各项调试完毕后，应在空载条件下动作 2 h 后，再检查液压系统工作是否正常，确定一切正常后，方可进入负载试车。

2. 负载试车

为了负载后能够实现预定的工作要求，以及避免设备损坏，一般先进行低负载试车，若正常，则在额定负载下试车。

负载试车时，应检查系统在发热、噪声、振动、冲击和爬行等方面的情况，并做出书面记录，以便日后查对；检查各部分的漏油情况，发现问题，及时排除。若系统工作正常，便可正式投入使用。

三、液压系统的使用维护

液压系统的正确使用与及时维护保养是保证设备正常运行的基本条件。

1. 使用时应注意的事项

（1）使用前必须熟悉液压设备的操作要领，对各液压元件所控制的相应执行元件和调节旋钮的转动方向与压力、流量大小变化的关系等要充分掌握，防止调节错误造成事故。对导轨及活塞杆外露部分进行擦拭。

（2）液压系统在运行时，应密切注意油温的变化。在低温下，油温应达到 20 ℃以上才准许顺序动作；油温高于 60 ℃时应注意系统工作情况，异常升温时，应停车检查。

（3）停机 4 h 以上的设备应先使液压泵空载运行 5 min，然后启动执行机构工作。

（4）液压油要定期检查和更换，保持清洁。新设备使用 3 个月即应清洗油箱更换新油，以后每隔半年至一年进行清洗和换油。过滤器的滤芯应定期清洗或更换。

（5）若设备长时间不用，应将各调节手轮放松，防止弹簧产生永久变形（弹簧力丧失）而影响元件性能。

2. 设备的维护

设备的维护主要分为日常维护、定期维护和综合维护。

（1）日常维护。日常维护保养是指液压设备的操作人员每天在设备使用前、使用中及使用后对设备进行的例行检查。通常借助眼、耳、手、鼻等感觉器官，以及借助安装在设备上的仪表（如压力表等）对设备进行观察和检查。

1）使用前的检查主要包括油箱内油量的检查、室温与油温的检查和压力表的检查。

2）使用中的检查主要包括溢流阀调节压力的检查，油温、泵壳温度、电磁铁温度的检查，漏油情况检查，噪声振动检查和压力表检查。

3）停机后的检查主要包括油箱油面检查，油箱、各液压元件、油缸等裸露表面污物的清扫和擦洗，各阀手柄位置应恢复到"卸荷""停止""后退"等位置上，关闭电源并填写交接班记录。

（2）定期维护。定期维护是以专业维修人员为主、生产工人参与的一种有计划的预防性检查。与日常检查一样，定期维护工作是为使设备保养工作更可靠、寿命更长，并及早发现故障苗头和趋势的一项工作。检查手段除人的感官外，还要用一定的检查工具和仪器。检查的内容主要包括对各种液压元件的检查，对过滤器的拆开清洗，对液压系统的性能检查，以及对规定必须定期维修的部件认真加以保养。定期检查一般分为 3 个月或半年两种。做好定期维护检查，可使日常检查更简单。

（3）综合检查。综合检查每隔 1～2 年进行一次。检查的内容和范围力求广泛，尽量做彻底的、全面性的检查。综合检查对所有液压元件进行解体，根据解体后发现的情况和问题进行修理或更换。综合检查时，对修过或更换过的液压元件做好记录，这对今后查找和分析故障以及要准备哪些备件都可以作为参考依据。综合检查前，要预先准备好如密封件、滤芯、蓄能器的皮囊、管接头、硬软管及电磁铁等易损件，因为这些零件都是可以预计需要更换的。综合检查时如果发现液压设备使用说明书等资料丢失，要设法备齐归档。

知识点 2　液压系统的设计

液压系统的设计与计算，是在掌握液压基础知识，液压元件的工作原理、结构和基本回路的基础上进行的。另外，还必须了解常用液压元件、液压附件的产品性能、品牌优劣，甚至液压元件的加工设备和管理情况，以便制造出稳定可靠的液压设备。

一、设计步骤

（1）明确设计要求并进行工况分析。主要是了解主机对液压传动系统的运动和性能要求，如运动方式、行程和速度范围、负载条件、运动精度、平稳性及工作环境情况等。

（2）初步确定液压系统参数。主要是确定执行元件的压力和流量。

（3）拟订液压系统原理图。这是整个设计的关键步骤，主要是选择和拟订基本回路，然后组成完整的液压系统。

（4）计算和选择液压元件。即根据系统的最大工作压力和流量选择液压泵和电动机，同时根据压力和流量来选择各控制元件及辅助元件。

（5）液压系统的性能验算。液压系统的参数有许多是由估计或经验确定的，因此，要通过验算来评判其性能。系统不同，需要验算的内容也不尽相同，但压力损失和温升这两项验算往往是必不可少的。

（6）绘制工作图并编写技术文件。主要包括液压系统图、泵站装配图、管路安装图，以及设计说明书、使用说明书、零部件目录、标准件明细表等文件。

上述各步骤并不是固定不变的，根据系统的具体要求可详可略，同时各步之间互相联系、互相影响，往往要经过多次反复才能完成设计工作。

二、明确设计要求

了解对主机的工作要求，明确设计依据：

（1）了解主机的结构、工作循环及周期。

（2）了解主机对液压系统的性能要求，包括执行元件的运动方式和行程、运动速度及其调整范围；运动平稳性及定位精度；执行元件的负载条件、动作顺序和连锁要求；传感元件的安装位置；信号转换、紧急停车、操作距离；自动化程度等。

（3）了解主机的工作环境和安装空间大小，如温度及其变化范围、湿度、振动、冲击、粉尘度、腐蚀、防爆等要求。

（4）确定是否需要液压、气动、电气等系统相配合，了解对配合装置的要求。

三、制定基本方案

1. 根据主机动作要求，确定执行元件类型

要求实现连续回转运动，选用液压马达；要求实现往复摆动，选用摆动液压缸或者齿轮齿条液压缸；要求实现直线往复运动，选用活塞缸。若负载为双向等值负载且要求双向运动速度相等，则选用双活塞杆缸；若活塞为单向负载，则选用单活塞杆缸；若在缸径大行程长的场合，则不宜选用活塞缸，而应选用柱塞缸。

2. 分析系统工况，确定执行元件的工作顺序及其速度、负载变化范围

由执行元件数目、工作要求和循环动作过程拟订执行元件的工作顺序，并分析各执行元件在整个工作循环的速度、负载变化规律，确定各执行元件的最大负载、最低和最高运动速度、工作行程及最大行程，列表备用。

3. 确定油源的类型

液压泵的结构形式依据初定系统压力来选择，当 $p < 21$ MPa 时，选用齿轮泵和叶片泵；当

$p>21$ MPa 时，选用柱塞泵。为节省投资，方便运行，在大多数场合中选用定量泵；若系统要求高效节能，则应选用变量泵；若系统有多个执行元件，各工作循环所需流量相差很大，则应选用多泵供油，实现分级调节。

4. 确定调速方式

液压系统定量泵节流调速回路的调节方式简单，因此，其被广泛地应用在中小型液压设备上。在速度稳定性要求较高的场合，可用调速阀或旁通型调速阀替代普通节流阀，这样提高了系统速度刚性，但增加了功率损失。行走机械的液压系统可通过改变柴油机或汽油机的转速达到调速目的。大功率的液压设备，应采用容积调速方式。

5. 确定调压方式

在液压系统中，一般选用弹簧加载的先导型溢流阀作为安全阀或稳压阀，或卸荷阀。为方便调节系统最高工作压力，往往采用远程调压阀遥控。如果系统在一个工作循环中的不同阶段工作压力相差很大，则应考虑采用多级调压。如果需要自动控制，则应选用电液比例溢流阀。

6. 选择换向回路

若液压设备要求自动化程度较高，则应选用电控换向，在小流量（<100 L/min）时选用电磁换向阀，在大流量时选用电液换向阀或二通插装阀。当需要计算机控制时，选用电液比例换向阀。对于工作环境恶劣的行走式液压机械，如装载机、起重机等，为保证工作可靠性，一般采用手动换向阀（多路换向阀）。对于采用闭式回路的液压机械，如卷扬机、车辆马达等，则采用手动双向变量泵的换向回路。

7. 综合考虑其他问题

组合基本回路，要注意防止回路间可能存在的相互干扰，要考虑多个执行元件之间的同步、互锁、顺序等要求，参考各种液压基本回路，确定液压系统方案。

四、绘制工作图，编制技术文件

正式的工作图包括系统原理工作图、装置图、管道布置图、非标准元件的零件图及装配图。液压系统装置图包括液压泵装置图、集成油路装配图。

编写技术文件包括设计计算说明书、零部件目录表、标准件与通用件及外购件总表。

项目小结

（1）正确阅读液压系统图对于液压设备的设计、使用、维修、调整有重要的作用。如果所要阅读的液压系统图附有工作原理说明书，就可按说明书逐一查看。如果所要阅读的液压系统图没有工作原理说明书，而只是一张系统图（可能图上附有工作循环表、电磁铁工作表或很简略的说明），这时就需要按照阅读液压图的步骤，根据要求通过分析弄清系统的工作原理。

（2）掌握 YT4543 型动力滑台及 YB32-200 型四柱万能液压压力机的液压系统的组成、工作原理和工作特性。

（3）掌握 MJ-50 型数控车床液压系统的检修和故障分析方法，正确维护和保养液压系统。

任务检查与考核

1. 试述阅读液压系统图的一般步骤。

2. 液压动力滑台快进动作的工作原理是什么？其从快进到工进动作是如何控制的？试想一下是否还有别的控制方法。

3. 简述 MJ-50 型数控车床液压系统中的回转刀盘分系统的作用及其工作油路。

4. 电液换向阀的滑阀不动作的原因有哪几种情况？应怎样解决该问题？

5. 减压回路工作中压力减不下来的原因有哪些？应怎样解决该问题？

6. 顺序动作回路工作时，顺序动作冲击大的原因是什么？应怎样解决该问题？

7. 液压缸运动速度不稳定的原因有哪些？应怎样解决该问题？

相关专业英语词汇

（1）实际工况——actual conditions

（2）实际作用力——actual force

（3）启动压力——starting pressure

（4）连续工况——continuous working conditions

（5）操作台——control console

（6）极限工况——limited conditions

（7）组合机床——combination machine

（8）系统压力——system pressure

（9）供给流量——supply flow

（10）工作循环——working cycle

（11）工作行程——working stroke

（12）故障诊断——fault diagnosis

（13）安装与调试——installation and adjustment

（14）液压系统设计——hydraulic system design

项目5　气动平口钳的设计和装调

项目描述

本项目任务为制作一个气动平口钳，可以实现对工件的装夹，将其分解为以下几个内容：

（1）空气压缩机的拆装。气压系统工作必须以压缩空气为工作介质。试分析满足不同压缩空气质量需求的气源装置种类，以及这些元件的结构特点。

（2）气动执行元件的装配与拆卸。气动执行元件是将压缩空气的压力能转化为机械能的能量转换装置，它包括气缸和气动马达。试分析用于实现直线往复运动时应选用的执行元件种类，以及其结构特点。

（3）气动控制元件的拆装。气动系统的控制元件主要是控制阀，它用来控制和调节压缩空气的方向、压力和流量。试分析其结构特点，加深对各元件工作原理的理解。

项目目标

气动技术是"气压传动与控制技术"的简称，是以压缩气体为工作介质，利用气动元件构成控制回路，将压缩气体经由管道和控制阀输送给气动执行元件，将压缩气体的压力能转换为机械能而做功的一种自动化控制技术。其是实现各种生产控制、自动化控制的重要手段之一。

气动技术在工业生产中应用十分广泛，它可以应用于包装、进给、计量、材料的输送、工件的转动与翻转、工件的分类等场合，还可以用于车、铣、钻、锯等机械加工的过程。

知识目标	能力目标	素质目标
1. 了解气体基本性质、气源装置及其附件； 2. 理解气动系统的工作原理； 3. 掌握气动执行元件的工作原理； 4. 掌握气动辅助元件的类别； 5. 掌握气动控制阀的用途； 6. 掌握基本气动回路的工作过程	1. 能够正确使用和选用气动元件； 2. 能够合理搭建基本气动回路； 3. 能够分析气动回路的工作过程	1. 培养学生在完成任务过程中与小组成员团队协作的意识； 2. 培养学生文献检索、资料查找与阅读相关资料的能力； 3. 培养学生自主学习的能力

任务 5.1 分析气动动力装置

任务描述

车间里新到了一批空气压缩机和气动辅助元件，需要把它们正确组装在一起，为机器提高动力。

任务目标

1. 理解气动系统工作原理。
2. 了解空气压缩机的工作原理。
3. 能够在团队合作的过程中完成空气压缩机及相关辅助原件的安装。

5.1.1 气动系统的工作原理及组成

1. 气动系统的工作原理

气动系统先将机械能转换成压力能，然后通过各种元件组成的控制回路来实现能量的调控，最终将压力能转换成机械能，使执行机构实现预定的功能，按照预定的程序完成相应的动力与运动输出。气动装置所用的压缩空气是弹性流体，它的体积、压强和温度三个状态参量之间有互为函数的关系，在气压传动过程中，不仅要考虑力学平衡，而且要考虑热力学的平衡。

为了对气动系统有一个概括性的了解，现以气压剪切机为例，介绍气动系统的工作原理。图5-1（a）所示为气压剪切机的工作原理，图示位置为气压剪切机的预备工作状态。空气压缩机 1 产生的压缩空气，经过冷却器2、油水分离器 3 进行降温及初步净化后，送入储气罐 4 备用，再经过分水滤气器 5、减压阀 6、油雾器 7 和气动换向阀 9 到达气缸 10。此时气动换向阀的 A 腔压力将阀芯推到上位，使气缸的上腔充压，活塞处于

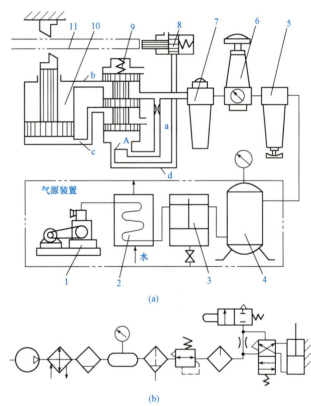

（a）

（b）

图 5-1 气压剪切机的工作原理

（a）工作原理；（b）图形符号

1—空气压缩机；2—冷却器；3—油水分离器；

4—储气罐；5—分水滤气器；6—减压阀；

7—油雾器；8—行程阀；9—气动换向阀；

10—气缸；11—工料

下位，剪切机的剪口张开，处于预备工作状态。当送料机构将工料 11 送入剪切机并到达规定位置，将行程阀 8 的触头压下时，气动换向阀的 A 腔与大气相通，气动换向阀的阀芯在弹簧力的作用下向下移，压缩空气充入气缸下腔，此时活塞带动剪刃快速向上运动将工料切下，工料被切下后行程阀 8 复位，气动换向阀 9A 腔气压上升，阀芯上移使气路换向，气缸 10 上腔进压缩空气，下腔排气，活塞带动剪刃向下运动，剪切机又恢复预备工作状态，等待第二次进料剪切。图 5-1 (b) 所示为气压剪切机的图形符号。

由以上实例可见：

（1）气压传动系统工作时，空气压缩机先把电动机传来的机械能转变为气体的压力能，压缩空气在被送入气缸后，通过气缸把气体的压力能转变成机械能（推动剪刃）；

（2）气压传动的过程是依靠运动着的气体的压力能来传递能量和控制信号的。

2. 气压传动系统的组成

根据元件在气压传动系统中的不同功能，气压传动系统可以分为以下几部分：

（1）气源装置。由空气压缩机及其附件（后冷却器、油水分离器和储气罐等）组成。它将原动机供给的机械能转换成气体的压力能，作为转动与控制的动力源。

（2）气源净化装置。清除压缩空气中的水分、灰尘和油污，以输出干燥、洁净的空气供后续元件使用，如各种过滤器和干燥器等。

（3）气动执行元件。将空气的压力能转化为机械能，以驱动执行机构做往复运动（如气缸）或旋转运动（如气动马达）。

（4）气动控制元件。控制和调节压缩空气的压力、流量和流动方向，以保证气动执行元件按预定的程序正常地进行工作，如压力阀、流量阀、方向阀和比例阀等。

（5）辅助元件。满足元件内部润滑、排气噪声减小、元件间的连接，以及信号转换、显示、放大、检测等所需要的各种气动元件，如油雾器、消声器、管接头及连接管、转换器、显示器、传感器、放大器和程序器等。

5.1.2 空气压缩机

5.1.2.1 空气

自然界中的空气是由若干种气体混合组成的，其主要成分是氮气（N_2）与氧气（O_2），其他气体占的比重很小。另外，空气中常含有一定量的水蒸气，含有水蒸气的空气称为湿空气，大气中的空气基本上都是湿空气。不含有水蒸气的空气为干空气。

1. 空气的黏性

气体在流动时产生内摩擦力的性质称为气体的黏性。表示黏性大小的量称为黏度。气体黏度的变化主要受温度的影响，且随着温度的升高而增大，而压力的变化对黏度的影响很小，可以忽略不计。空气的运动黏度与温度的关系见表 5-1。

表 5-1 空气的运动黏度与温度的关系（压力为 0.1 MPa）

$t/℃$	0	5	10	20	30	40	60	80	100
$v/(10^{-5} \ m^2 \cdot s^{-1})$	1.33	1.42	1.47	1.57	1.66	1.76	1.96	2.10	2.38

2. 空气的湿度

空气中或多或少含有水蒸气，即自然界的空气为湿空气。在一定温度下，空气中含有的水蒸气越多，空气就越潮湿。当空气中水蒸气的含量超过一定限度时，空气中就有水滴析出，这表明湿空气中能容纳水蒸气的含量是有一定限度的。将这种极限状态的湿空气称为饱和湿空气。

空气中含有水蒸气的多少对气动系统有直接的影响，因此，不仅各种气动元件对含水量有明确的规定，并且常采取一定的措施防止水分的带入。湿空气中所含水分的程度常用湿度来表示。

（1）绝对湿度。绝对湿度是指单位体积湿空气中所含水蒸气的质量，用 x 表示。即

$$x = m_s/V \qquad (5\text{-}1)$$

式中　x——绝对湿度（kg/m^3）；

$\quad\quad\ m_s$——湿空气中水蒸气的质量（kg）；

$\quad\quad\ V$——湿空气的体积（m^3）。

在一定温度下，湿空气达到饱和状态时，则称此条件下的绝对湿度为饱和绝对湿度，用 x_b 表示。

绝对湿度只能说明湿空气中实际所含水蒸气的多少，而不能说明湿空气吸收水蒸气能力的大小，因此，要了解湿空气的吸湿能力及其偏离饱和状态的程度，还需引入相对湿度的概念。

（2）相对湿度。相对湿度是指在温度和总压力不变的条件下，其绝对湿度与饱和绝对湿度的比值，用 φ 表示，即

$$\varphi = x/x_b \times 100\% \qquad (5\text{-}2)$$

当空气绝对干燥时，φ＝0；当空气达到饱和时，φ＝1；气动技术中规定各种阀的工作介质的相对湿度应小于 95%。

3. 空气的可压缩性

空气的体积受温度和压力的影响较大，有明显的可压缩性，故不能将气体的密度 ρ 视为常数。只有在某些特定的条件下，才能将空气看作是不可压缩的。

在工程中，管道内气体流速较低且温度变化不大，可将该气体视为不可压缩的，这样可以大大简化计算过程，其结果误差较小。但是，在气缸、风动马达和某些气动元件中，气流速度很高，甚至达到或超过声速，则必须考虑气体的可压缩性和膨胀性。例如，在气缸的节流调速中，对进给速度的稳定性有要求时，应考虑气体的可压缩性；风动马达做功时，应考虑气体的膨胀功；管道设计不合理而有局部节流时，也会造成气体明显的压缩和膨胀。

5.1.2.2　气源装置

气源装置（图5-2）是提供洁净、干燥，并且具有一定压力和流量的压缩空气的装置，从而满足气动和控制的要求。气动辅助元件更是气动系统正常工作必不可少的组成部分。

在气源装置中，空气压缩机1用于产生压缩空气，一般由电动机带动。其吸气口装有空气过滤器，以减少进入空气压缩机的杂质。后冷却器2用于降温冷却压缩空气，使净化的水凝结出来。油水分离器用于分离并排出降温冷却的水滴、油滴、杂质等。储气罐3用于储存压缩空气，稳定压缩空气的压力并除去部分油分和水分。干燥器用于进一步吸收或排除压缩空气中的水分和油分，使之成为干燥空气。

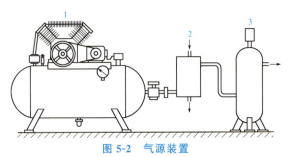

图 5-2　气源装置

1—空气压缩机；2—后冷却器；3—储气罐

5.1.2.3 空气压缩机的分类

空气压缩机（空压机）的种类很多，按其工作原理可分为速度式和容积式两大类。速度式空压机是靠气体在高速旋转叶轮的作用下，得到较大的动能，随后在扩压装置中急剧降速，使气体的动能转变成压力能；容积式空压机是通过直接压缩气体，使气体容积减小而达到提高气体压力的目的。速度式空压机按结构不同可分为离心式和轴流式两种基本形式；容积式空压机根据气缸活塞的特点可分为回转式和往复式两类。其中，回转式空压机又可分为转子式、螺杆式和滑片式等，往复式空压机又可分为活塞式和膜式等，气动系统最常用的机型为活塞式空气压缩机（图5-3）。

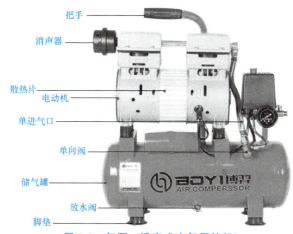

图 5-3　气泵（活塞式空气压缩机）

5.1.2.4 活塞式空气压缩机的工作原理

图5-4所示为常见的活塞式空气压缩机的工作原理。电动机带动的曲柄滑块机构旋转运动，驱动活塞往复运动，当活塞向右移动时，活塞左腔的压力低于大气压力，吸气阀8开启，外界空气吸入气缸2内，这个过程称为吸气过程。当活塞向左移动时，缸内气体被压缩，当压力高于输出空气管道内压力后，排气阀7打开，压缩空气送至输气管内，这个过程称为排气过程。

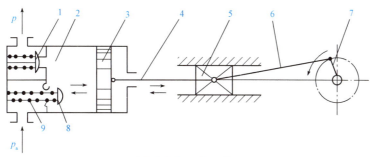

图 5-4　活塞式空气压缩机的工作原理图
1—排气阀；2—气缸；3—活塞；4—活塞杆；5—滑块；
6—连杆；7—曲柄；8—吸气阀；9—阀门弹簧

活塞式空气压缩机的缺点：在排气过程结束时，气缸内总有剩余容积存在，而在下一次吸气时，剩余容积内的压缩空气会膨胀，从而减少吸入的空气量，降低了效率，增加了压缩功；当输出压力较高时，剩余容积使压缩比增大，温度急剧升高。因此，在需要高压输出时采取分级压缩，分级压缩可降低排气温度，减少压缩功，提高容积效率，增加压缩气体排出量。

5.1.2.5 空气压缩机的选用原则

选用空气压缩机的根据是气动系统所需要的工作压力和流量两个参数。第一种空气压缩机为中压空气压缩机，额定排气压力为 1 MPa；第二种是低压空气压缩机，排气压力为0.2 MPa；第三种是高压空气压缩机，排气压力为 10 MPa；第四种为超高压空气压缩机，排气压力为100 MPa。

将整个气动系统对压缩空气的需要再加一定的备用余量，作为选择空气压缩机的流量依据。空气压缩机铭牌上的流量是自由空气流量。

5.1.2.6 空气压缩机安全技术操作方法

（1）开车前应检查空气压缩机曲轴箱内油位是否正常，各螺栓是否松动，压力表、气阀是否完好，压缩机必须安装在平稳、牢固的基础上。

（2）压缩机的工作压力不允许超过额定排气压力，以避免超负荷运转而损坏压缩机和烧毁电动机。

（3）不要用手去触摸压缩机气缸头、缸体、排气管，以免温度过高而烫伤。

日常工作结束后，要切断电源，放掉压缩机储气罐中的压缩空气，打开储气罐下边的排污阀，放掉冷凝水和污油。

5.1.3 气动辅助元件

气动辅助元件分为气源净化装置和其他辅助元件两大类。

5.1.3.1 气源净化装置

气源净化装置一般包括后冷却器、油水分离器、储气罐、空气干燥器、空气过滤器等（图 5-5）。

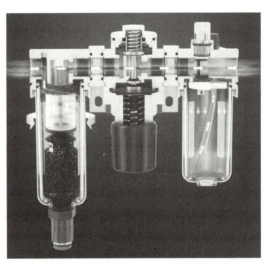

图 5-5　气源净化装置（净化-调压-给油）

1. 后冷却器

后冷却器安装在空气压缩机出口处的管道上。它的作用是将空气压缩机排出的压缩空气温度由 140 ℃～170 ℃降至 40 ℃～50 ℃。这样就可以使压缩空气中的油雾和水汽迅速达到饱和，使其大部分析出并凝结成油滴和水滴，以便经油水分离器排出。

后冷却器的冷却方式有水冷和风冷两种方式，一般采用水冷方式，其结构形式有蛇管式、列管式、散热片式、套管式等。图 5-6 所示为蛇管式后冷却器的结构示意。热的压缩空气由管内流过，冷却水从管外水套中流动以进行冷却，在安装时应注意压缩空气和水的流动方向。

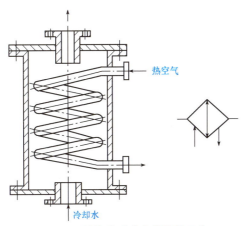

热空气

冷却水

图 5-6　蛇管式后冷却器结构示意

2. 油水分离器

油水分离器安装在后冷却器出口管道上，用于分离压缩空气中所含的油分、水分和杂质。其工作原理：当压缩空气进入油水分离器后产生流向和速度的急剧变化，再依靠惯性作用，将密度比压缩空气大的油滴和水滴分离出来，图 5-7（a）所示为其结构示意。压缩空气进入油水分离器后，气流转折下降，然后上升，依靠转折时的离心力的作用析出油滴和水滴。油水分离器的排水方式如图 5-7（b）所示。

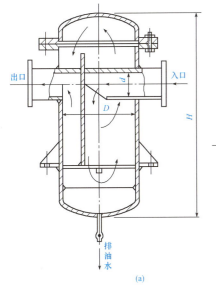

出口　　　入口

排油水

(a)

自动排水　　　　　手动排水

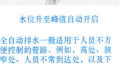

水位升至峰值自动开启　　需手动向上拉排水

全自动排水一般适用于人员不方便控制的管路。例如，高处、狭窄处、人员不常到达处，以及下游用气不能停止的管路。

手动排水一般适用于人员方便控制的管路。例如，机器外部、操作台附件、下游用气可以暂停的管路。

(b)

图 5-7　油水分离器结构示意及其排水方式

（a）结构示意；（b）排水方式

3. 储气罐

储气罐的作用是储存一定数量的压缩空气；消除压力波动，保证输出气流的连续性；调节用气量或以备发生故障和临时需要应急使用；进一步分离压缩空气中的水分和油分。对于活塞式空压机，应考虑在压缩机和后冷却器之间安装缓冲气罐，以消除空压机输出压力的脉动，保护后冷却器；而螺杆式空压机，输出压力比较平稳，一般不必设置缓冲气罐。

一般气动系统中的储气罐多为立式，它用钢板焊接而成，并装有放泄过剩压力的安全阀、指示罐内压力的压力表和排放冷凝水的排水阀。

为了保证储气罐的安全及维修方便，应设置下列附件。

（1）安全阀。调节极限压力，通常比正常工作压力高 10%。

（2）清理、检查用的孔口。

（3）指示储气罐罐内空气压力的压力表。

（4）储气罐的底部应有排放油水等污染物的接管和阀门。

在选择储气罐的容积 V_c 时，一般是以空气压缩机每分钟排气量 q 为依据选择的，即

当 $q < 6.0 \ m^3/min$ 时，取 $V_c = 1.2 \ m^3$；

当 $q = 6.0 \sim 30 \ m^3/min$ 时，取 $V_c = 1.2 \sim 4.5 \ m^3$；

当 $q > 30 \ m^3/min$ 时，取 $V_c = 4.5 \ m^3$。

后冷却器、油水分离器和储气罐都属于压力容器，制造完毕后，应进行水压试验。

4. 空气干燥器

空气干燥器是吸收和排除压缩空气的水分和部分油分、杂质，使湿空气变成干空气的装置，从压缩机输出的压缩空气经过冷却器、除油器和储气罐的初步净化处理后已能满足一般气动系统的使用要求，但对于一些精密机械、仪表等装置还不能满足要求，因此，需要进一步净化处理。为防止初步净化后的气体中的含湿量对精密机械、仪表等产生锈蚀，要进行干燥和再精过滤处理。

压缩空气的干燥方法主要有机械法、离心法、冷冻法和吸附法等。机械法和离心法的原理基本上与油水分离器的工作原理相同，冷冻法和吸附法是目前工业上常用的干燥方法，做以下介绍：

（1）冷冻式干燥器。它使压缩空气冷却达到一定的露点温度，然后析出相应的水分，使压缩空气达到一定的干燥度。此方法适用于处理低压大流量，并对干燥度要求不高的压缩空气。压缩空气的冷却除用冷冻设备外，也可采取制冷剂直接蒸发，或用冷却液间接冷却的方法。

（2）吸附式干燥器。它主要是利用硅胶、活性氧化铝、焦炭、分子筛等物质表面能吸附水分的特性来清除水分。由于水分和这些干燥剂之间没有化学反应，所以，不需要更换干燥剂，但必须定期进行干燥。

图 5-8 所示为不加热再生式干燥器，它有两个填满干燥剂的相同容器。空气从一个容器下部流到上部，水分被干燥剂吸收而得到干燥，一部分干燥后的空气又从另一个容器的上部流到下部，从饱和的干燥剂中把水分带走并放入大气，即实现了无须外加热源而使吸附剂再生，两个容器定期交换工作（5~10 min）使吸附剂产生吸附和再生，这样可得到连续输出的干燥压缩空气。

空气干燥器的选择基本原则如下：

（1）使用空气干燥器时，必须确定气动系统的露点温度，然后才能确定选用干燥器的类型和使用的吸附剂等。

（2）确定干燥器的容量时，应注意整个气动系统所需流量大小，以及输入压力、输入端的空气温度。

（3）若用有油润滑的空气压缩机作为气压发生装置，必须注意压缩空气中混有油粒子，油能黏附于吸附剂的表面，使吸附剂吸附水蒸气能力降低，对于这种情况，应在空气入口处设置除油装置。

（4）干燥器无自动排水器时，需要定期手动排水，否则一旦混入大量冷凝水，干燥器的干燥能力就会降低，影响压缩空气的质量。

5. 空气过滤器

空气中所含的杂质、灰尘和水分，若进入机体和系统，将加剧对滑动件的磨损，加速润滑油

的老化，降低密封性能，使排气温度升高，功效损耗加剧，从而使压缩空气的质量大为降低。所以，在空气进入压缩机之前，必须经过空气过滤器，以滤去其中所含的灰尘和杂质。过滤的原理是根据固体物质和空气分子的大小和质量不同，利用惯性、阻隔和吸附的方法将灰尘杂质与空气分离。

空气过滤器基本上是由壳体和滤芯所组成的，按滤芯所采用的材料不同又可分为纸质、织物（麻布、绒布、毛毡）、陶瓷、泡沫塑料和金属（金属网、金属屑）等过滤器。空气压缩机中普遍采用纸质过滤器和金属过滤器，纸质过滤器通常又称为一次过滤器，其滤灰率为50%～70%；在空气压缩机的输出端（即气源装置）使用的为二次过滤器（滤灰率为70%～90%）和高效过滤器（滤灰率大于99%）。

图5-9所示为普通空气过滤器的结构。其工作原理：压缩空气从输入口进入后，被引入旋风叶子1，旋风叶子上有许多成一定角度的缺口，迫使空气沿切线方向产生强烈旋转。这样夹杂在空气中的较大水滴、油滴和灰尘等便依靠自身的惯性与存水杯3的内壁碰撞，并从空气中分离出来沉到杯底，而微粒灰尘和雾状水汽则由滤芯2滤除。为防止气体旋转将存水杯中存的污水卷起，在滤芯下部设有挡水板4。另外，存水杯中的污水应通过排水阀5及时排放，在某些人工排水不方便的场合，可采用自动排水式空气过滤器。

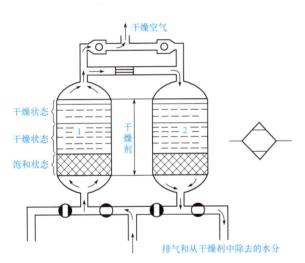

图5-8　不加热再生式干燥器

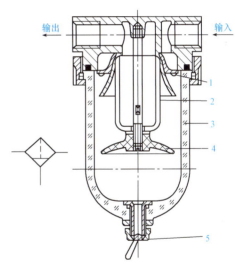

图5-9　空气过滤器
1—旋风叶子；2—滤芯；3—存水杯；
4—挡水板；5—排水阀

5.1.3.2　其他辅助元件

1. 油雾器

气动系统中的各种气阀、气缸、气动马达等，其可动部分需要润滑，但以压缩空气为动力的气动元件都是密封气室，不能用一种方法注油，只能以某种方法将油混入气流，随气流带到需要润滑的地方。油雾器就是这样一种特殊的注油装置。它使润滑油雾化后随空气流入需要润滑的运动部件。采用这种方法加油，具有润滑均匀、稳定和耗油量少等特点。

图5-10所示为普通油雾器的结构。当压缩空气从输入口进入后，绝大部分从主气道流出，小部分通过小孔A进入阀座8腔，此时特殊单向阀在压缩空气和弹簧3作用下处在中间位置，所以，气体又进入储油杯4上腔C，使油液受压后经吸油管7将单向阀6顶起。因钢球上方有一个边长小于钢球直径的方孔，所以，钢球不能封死上管道，而使油不断地进入视油杯5内，再滴

入喷嘴1腔，被主气道中的气流从小孔B中引射出来，进入气流中的油滴被高速气流击碎雾化后经输出口输出。视油器上的节流阀9可调节滴油量，使滴油量可在0～200滴/mm范围内变化。当旋松油塞10后，储油杯4上腔C与大气相通，此时特殊单向阀2背压降低，输入气体使特殊单向阀2关闭，从而切断了气体与上腔C的通道，气体不能进入上腔C；单向阀6也由于C腔压力降低处于关闭状态，气体也不会从吸油管进入C腔。因此，可以在不停气源的情况下从油塞口给油雾器加油。

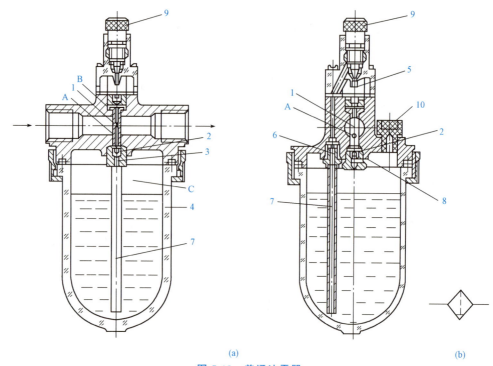

(a)   (b)

图 5-10　普通油雾器

（a）结构原理；（b）图形符号

1—喷嘴；2—特殊单向阀；3—弹簧；4—储油杯；5—视油杯；
6—单向阀；7—吸油管；8—阀座；9—节流阀；10—油塞

　　油雾器一般应安装在分水滤气器、减压阀之后，尽量靠近换向阀，应避免把油雾器安装在换向阀与气缸之间，以避免漏掉对换向阀的润滑。

2. 消声器

　　气动回路与液压回路不同，它没有回收气体的必要，压缩空气使用后直接排入大气，因排气速度较高，会产生尖锐的排气噪声。为降低噪声，一般在换向阀的排气口上安装消声器。消声器起到通过阻尼或增加排气面积来降低排气速度和功率，从而降低噪声的作用。

　　气动元件使用的消声器一般有吸收型消声器、膨胀干涉型消声器和膨胀干涉吸收型消声器三种类型。在一般使用场合，可根据换向阀的通径，选用吸收型消声器，对消声效果要求高的，可选用后两种消声器。

3. 管道连接件

　　管道连接件包括管子和各种管接头。有了管子和各种管接头，才能把气动控制元件、气动执行元件以及辅助元件等连接成一个完整的气动系统。因此，在实际应用中，管道连接件是不可缺少的。

管子可分为硬管和软管两种。一些固定不动的、不需要经常装拆的地方，使用硬管；连接运动部件和临时使用、希望装拆方便的管路应使用软管。硬管有铁管、铜管、黄铜管、紫铜管和硬塑料管等；软管有塑料管、尼龙管、橡胶管、金属编织塑料管及挠性金属导管等。常用的是紫铜管和尼龙管。

任务分析

经过学习前面的内容我们知道了空气压缩机的工作原理，也了解到了气源净化等辅助装置的原理与应用，可以根据给定铭牌的空气压缩机进行安装。

任务实施

根据前面所学知识和任务分析，查阅所安装的空气压缩机的铭牌，并将其各项参数写入下框内。

空气压缩机安装完成后，开机试压时，要按照说明书的顺序启动开关。空气压缩机要经常维护、检查的部件有空气滤芯、放水阀门、安全阀门等。开车前应检查空气压缩机曲轴箱内的油位是否正常，各螺栓是否松动，压力表、气阀是否完好，压缩机必须安装在平稳、牢固的基础上。空气压缩机的工作压力不允许超过额定排气压力，以免超负荷运转而损坏压缩机和烧毁电动机。不要用手去触摸压缩机气缸头、缸体、排气管，以免因温度过高被烫伤。

日常工作结束后，要切断电源，放掉压缩机储气罐中的压缩空气，打开储气罐下边的排污阀，放掉冷凝水和污油。

任务评价

考核标准					
班级		组名		日期	
考核项目名称					
考核项目	具体说明	分值	教师	组	自评
讲解空气压缩机结构及工作原理	系统组成，内容完整，讲解正确	15			
	工作原理、工作过程完整，原理表述正确	15			
空气压缩机安装、调试	能按照设计图正确安装气源装置	15			
	操作步骤及要求表述正确	10			
	操作步骤正确，安全阀检查操作正确	10			
	开机顺序正确	10			
	排水阀放水，操作合理	10			
	操作规范，团队协作，按照7S管理	5			

考核项目	具体说明	分值	教师	组	自评
元件的英文名称	表述正确	10			
成绩评定	教师70%＋其他组20%＋自评10%				

任务5.2 分析气动执行元件

任务描述

根据气动执行元件的工作特点，要求进行气动执行元件的选型。

任务目标

1. 掌握气动执行元件的工作原理。
2. 能够在团队合作的过程中选用合适的气动执行元件。

气动执行元件是指将压缩空气的压力能转化为机械能的元件。气动执行元件可以分为气缸和气动马达。气缸用于实现直线往复运动，输出力和直线位移。气动马达用于实现连续回转运动，输出力矩和角位移。

5.2.1 气缸

1. 气缸的分类

气缸是启动系统中使用最多的一种执行元件，根据使用条件不同，其结构、形状也有多种形式（图5-11），常用的分类方法有以下几种：

（1）按压缩空气对活塞端面作用力的方向分。

1）单作用气缸。气缸只有一个方向的运动即气压传动，活塞的复位靠弹簧力或自重和其他外力。

2）双作用气缸。双作用气缸的往返运动通过压缩空气来完成。

（2）按气缸的结构特征分，气缸可分为活塞式气缸、柱塞式气缸、薄膜式气缸、叶片式摆动气缸、齿轮齿条式摆动气缸等。

（3）按气缸的安装形式分。

1）固定式气缸。气缸安装在机体上固定不动，有耳座式、凸缘式和法兰式。

2）轴销式气缸。缸体围绕一固定轴可做一定角度的摆动。

3）回转式气缸。缸体固定在机体主轴上，可随机床主轴做高速旋转运动，这种气缸常用于机床上气动卡盘中，以实现工件的自动装卡。

4）嵌入式气缸。气缸压固定在夹具本体内。

（4）按气缸的功能分。

1）普通气缸。包括单作用式和双作用式气缸，常用于无特殊要求的场合。

微课：气缸结构和工作原理

动画：气缸动画

图 5-11　气缸

2）缓冲气缸。气缸的一端或两端带有缓冲装置，以防止和减轻活塞运动到端点时对气缸缸盖的撞击。

3）气-液阻尼缸。气缸与液压缸串联，可以控制气缸活塞的运动速度，并使其速度相对稳定。

4）摆动气缸。用于要求气缸叶片轴在一定角度内绕轴线回转的场合，如夹具转位、阀门的启闭等。

5）冲击气缸。用于要求以活塞杆高速运动形式形成冲击力的高能缸，可用于冲压、切断等。

6）步进气缸。根据不同控制信号，使活塞杆伸出不同的相应位置的气缸。

2. 气缸的选择和使用。

（1）气缸的选择。在选择气缸时，需要考虑许多因素，主要包括以下几个方面：

1）安装形式：由安装位置、使用目的等因素决定。在一般场合下，多选用固定式气缸，在需要随同工作机连续回转时（车床、磨床等），应选用回转式气缸。在除要求活塞杆做直线运动外，还要求缸体做较大的圆弧摆动时，则选用轴销式气缸。仅需要在360°或180°之内做往复摆动时，应选用单叶片式摆动气缸或双叶片式摆动气缸。

2）气缸内径：根据负载确定活塞杆上的推力和拉力，一般应该根据工作条件的不同，将计算所需的气缸作用力再乘上1.15～2的备用系数，以此作为选择和确定气缸内径的依据。

3）气缸行程：与使用场合和机构的行程比有关，并受加工和结构的限制。通常，应在保证工作要求的前提下，留出一定的行程余量（通常为30～100 mm）。

4）排气口、管路内径及相关形式：气缸排气口、管路内径及气路结构直接影响气缸的运动速度。如果要求活塞做高速运动，应选用内径较大的排气口及管路，还可以采用快速排气阀使缸速大幅提高；如果要求活塞做缓慢、平稳的运动，可选用带节流装置的气缸或气-液阻尼缸；如果要求活塞在行程末端运动平稳，则宜选用带缓冲装置的气缸。

（2）气缸的使用。气缸在使用时应注意以下几点。

1）要使用清洁干燥的压缩空气，连接前配管内应充分清洗；安装耳环式或耳轴式气缸时，应保证气缸的摆动和负载的摆动在一个水平面内，应避免在活塞杆上施加横向负载和偏心负载。

2）根据工作任务的要求，选择气缸的结构形式、安装方式并确定活塞杆的推力和拉力。

3）一般不使用满行程，其行程余量为30～100 mm。

4）气缸的推荐工作速度为0.5～1 m/s，工作压力为0.4～0.6 MPa，环境温度为5 ℃～60 ℃范围内。

5）气缸运行到终端运动能量不能完全被吸收时，应设计缓冲回路或增设缓冲机构。

3. 气缸的故障及排除方法

气缸是空气的运动装置的重要元件，相当于装置的手足，若产生故障，则使装置不能工作。气缸产生故障的原因很多，如气缸制造质量不好，介质净化程度不够，装置不正确，操作不合理等，详见表5-2。

表 5-2　气缸的故障及排除方法

故障		原因	排除方法
外泄漏	活塞杆与密封衬套间漏气	衬套密封圈磨损，润滑油不足	更换衬套密封圈
		活塞杆有划痕	更换活塞杆
		活塞杆偏心	重新安装，使活塞杆不受偏心负荷
		活塞杆与密封衬套的配合处有杂质	除去杂质，安装防尘盖
	缸体与端盖间漏气	密封圈损坏	更换密封圈
	缓冲装置的调节螺钉处漏气	密封圈损坏	更换密封圈
内泄漏（两腔窜气）		活塞密封圈损坏	更换密封圈
		润滑不良	改善润滑
		活塞被卡住	重新安装，使活塞不受偏心负荷
		活塞配合面有缺陷	缺陷严重者，更换零件
		杂质挤入密封面	除去杂质
动作不稳定，输出力不足		润滑不良	注意润滑
		活塞或活塞杆被卡住	检查安装情况，消除偏心
		气缸体内表面有锈蚀或缺陷	视缺陷大小，再决定排除故障的方法
		进入了冷凝水及杂质	加强过滤，清除水分、杂质
缓冲效果差		缓冲部分的密封圈密封性能差	更换密封圈
		调节螺钉损坏	更换调节螺钉
		气缸速度太快	调节缓冲机构
损伤	活塞杆折断	有偏心负荷	消除偏心负荷
		摆动气缸安装销轴的摆动面与负荷摆动面不一致	使摆动面与负荷面一致
		摆动销轴的摆动角过大	减小销轴的摆动角
		负荷大，摆动速度太快，又有冲击	减小摆动的速度和冲击
		装置的冲击加到活塞杆上，活塞杆承受负荷的冲击	冲击不得加在活塞杆上
		气缸的速度太快	设置缓冲装置
	端盖损坏	缓冲机构不起作用	在外部或回路中设置缓冲装置

5.2.2　气动马达

气动马达是将压缩空气的压力能转换成回转机械能的能量转换装置，其作用相当于电动机或液压马达。它输出转矩，驱动执行机构做旋转运动。在气压传动中使用最广泛的是叶片式、活塞式气动马达。其工作原理与叶片式液压泵类似。

微课：气马达结构和工作原理

5.2.2.1　叶片式气动马达的工作原理

图 5-12 所示为双向旋转叶片式气动马达的工作原理。当压缩空气从进气口 A 进入气室后立即喷向叶片 1，作用在叶片的外伸部分，产生转矩带动转子 2 做逆时针转动，输出旋转的机械能，废气从排气口 C 排出，残余气体则经 B 排出（二次排气）；若进气口、排气口互换，则转子反转，输出相反方向的机械能。转子转动的离心力和叶片底部的气压力、弹簧力使叶片紧密地抵在定子 3 的内壁上，以保证密封，提高容积效率。

5.2.2.2　气动马达的特点及应用

1. 气动马达的特点

（1）工作安全，具有防爆性能，使用于恶劣的环境，在易燃、易爆、高温、振动、潮湿、粉尘等条件下均能正常工作。

（2）有过载保护作用。过载时马达只是降低转速或停止，当过载解除后，立即可重新正常运转，并不会产生故障。

（3）可以无级调速。只要控制进气压力和流量，就能调节气动马达的输出功率和转速。

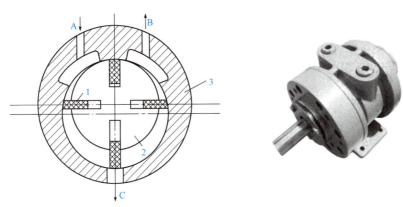

图 5-12　双向旋转叶片式气动马达
1—叶片；2—转子；3—定子

（4）比同功率的电动机轻 $1/10$~$1/3$，输出同功率的惯性比较小。

（5）可长期满载工作，而温升较小。

（6）功率范围及转速范围均较宽，输出功率小至几百瓦，大至几万瓦；转速可从每分钟几转到每分钟几万转。

（7）具有较高的启动转矩，可以直接带负载启动，启动、停止迅速。

（8）结构简单，操纵方便，可正反转，维修容易，成本低。

（9）速度稳定性差。输出功率小，效率低，耗气量大，噪声大，容易产生振动。

2. 气动马达的应用

气动马达的工作适应性较强，可应用于无级调速、启动频繁、经常换向、高温潮湿、易燃易爆、负载启动、不便人工操纵及有过载保护的场合。目前，气动马达主要应用于矿山机械、专业性的机械制造、油田、化工、造纸、炼钢、船舶、航空、工程机械等行业，许多气动工具（如风钻、风扳手、风砂轮、风动铲刮机）一般装有气动马达。随着气压技术的发展，气动马达的应用将日趋广泛。

5.2.2.3　叶片式气动马达常见故障分析

叶片式气动马达常见故障分析及排除方法见表 5-3。

表 5-3　叶片式气动马达常见故障分析

现象		故障原因分析	对策
输出功率明显下降	叶片严重磨损	断油或供油不足	检查供油器，保证润滑
		空气不净	净化空气
		长期使用	更换叶片
	前后气盖磨损严重	轴承磨损，转子轴向窜动	更换轴承
		衬套选择不当	更换衬套
	定子内孔纵向波浪槽	泥砂进入定子	更换或修复定子
		长期使用	
	叶片折断	转子叶片槽喇叭口太大	更换转子
	叶片卡死	叶片槽间隙不当或变形	更换叶片

任务分析

气动执行元件是将压缩空气的压力能转化为机械能的元件。气体执行元件可以分为气缸和气动马达。气缸用于实现直线往复运动，输出力和直线位移。气动马达用于实现连续回转运动，输出力矩和角位移。根据气动平口钳的工作特点，要求进行气动执行元件的选型。

任务实施

经过学习前面的内容和任务分析，将查到的气缸常见故障写入下框，并分析故障原因和如何解决故障。

任务5.3　分析气动控制元件

任务描述

在气动系统中，控制元件是控制和调节压缩空气的压力、流量、流动方向和发送信号的重要元件，利用它们可以组成各种气动控制回路，使气动执行元件按设计的程序正常地进行工作。控制元件按功能和用途可分为方向控制阀、压力控制阀和流量控制阀三大类，另外，尚有通过改变气流方向和通断实现各种逻辑功能的气动元件和射流元件等。

任务目标

1. 能够区分不同类型的气动控制元件。
2. 能够识别各种类型的气动控制元件。
3. 能够根据要求选择合适的气动控制元件，培养学生严谨认真的工匠精神。

5.3.1　压力控制元件

压力控制阀主要用来控制系统中气体的压力，满足各种压力要求或用以节能。

气压传动系统（简称气动系统）与液压传动系统的不同点是，液压传动系统的液压油是由安装在每台设备上的液压源直接提供，而气压传动是将比使用压力高的压缩空气储于储气罐中，然后调压到适用于系统的压力。因此，每台启动装置中供气压力都需要用减压阀（在启动系统中又称调压阀）来减压，并保持供气压力值稳定。对于低压控制系统（如气动测量），除用减压阀降低压力外，还需要使用精密减压阀（或定值器）以获得更稳定的供气压力。当输入压力在一定范围内改变时，这类压力控制阀能保持输出压力不变；当管路中的压力超过允许压力时，为了保证系统的工作安全，往往用安全法实现自动排气，以使系统的压力下降；有时，启动装置中不便安装行程阀而要依据气压的大小来控制两个以上的气动执行机构的顺序动作，能够实现这种功能的压力控制阀称为顺序阀。因此，在气压传动系统中压力控制阀可分为三类：第一类是起降压稳压作用的减压阀、定值器；第二类是起限压安全保护作用的安全阀、限压切断阀等；第三类是根据气路压力不同进行某种控制的顺序阀、平衡阀等。所有的压力控制阀都是利用空气压力和弹簧力相平衡的原理来工作的。由于安全阀、顺序阀的工作原理与液压控制阀中溢流阀和顺序阀基本相同，因而本节主要讨论调压阀（减压阀）的工作原理和主要性能。

1. 调压阀（减压阀）

图 5-13 所示为直动式调压阀的工作原理及实物。当顺时针方向转动调整手柄 1 时，调压弹簧 2（实际上有两个弹簧）推动弹簧座 3、膜片 4 和阀芯 5 向下移动，使阀口 8 开启，气流通过阀口后压力降低，从右侧输出二次压力气。与此同时，有一部分气流由阻尼孔 7 进入膜片室，在膜片下产生一个向上的推力与弹簧力平衡，调压阀便有稳定的压力输出。当输入压力 p_1 增高时，输出压力 p_2 也随之增高，使膜片下的压力也增高，将膜片向上推，阀芯 5 在复位弹簧 9 的作用下上移，从而使阀口 8 的开度减小，节流作用增强，使输出压力降低到调定值为止；反之，输入压力下降，输出压力也随之下降，膜片下移，阀口开度增大，节流作用降低，使输出压力回升到调定压力，以维持压力稳定。

调整手柄 1 用于控制阀口开度的大小，即可控制输出压力的大小。目前，常用的 QTY 型调压阀的最大输入压力为 1.0 MPa，其输出流量随阀的通径的大小而改变。

2. 顺序阀

顺序阀是依靠气路中压力的大小来控制气动回路中各执行元件动作的先后顺序的压力控制阀，其作用和工作原理与液压顺序阀基本相同，顺序阀常与单向阀组合成单向顺序阀。图 5-14 所示为单向顺序阀的工作原理。当压缩空气由 P 口输入时，单向阀在压差力及弹簧力的作用下处于关闭状态，作用在活塞输入侧的空气压力超过弹簧的预紧力时，活塞被顶起，顺序阀打开，压缩空气由 A 输出；当压缩空气反向流动时，输入侧变成排气口，输出侧变成进气口，其进气压力将顶开单向阀，由 O 口排气。调节手柄就可改变单向顺序阀的开启压力。

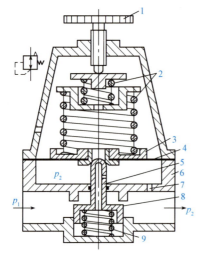

图 5-13　直动式调压阀的工作原理反实物

1—调整手柄；2—调压弹簧；3—弹簧座；4—膜片；5—阀芯；

6—阀套；7——阻尼孔；8—阀口；9—复位弹簧

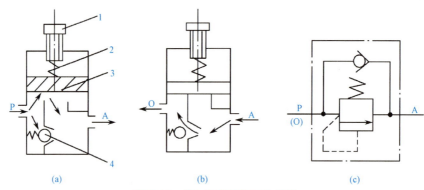

图 5-14　单向顺序阀的工作原理

（a）开启状态；（b）关闭状态；（c）职能符号

1—调节手柄；2—弹簧；3—活塞；4—单向阀

3. 安全阀

　　在气动系统中，为防止管路、气罐等被破坏，应限制回路中的最高压力，此时应采用安全阀。安全阀的工作原理：当回路中的压力达到某调定值时，使部分压缩气体从排气口溢出，以保证回路压力的稳定。

　　图 5-15 所示为安全阀的工作原理。当系统中的压力值低于调定值时，阀处于关闭状态。当系统压力升高到安全阀的开启压力时，压缩空气推动活塞上移，阀门开启排气，直到系统压力降至低于调定值时，阀口又重新关闭。安全阀的开启压力可通过调整弹簧的预压缩量来调节。

5.3.2　流量控制元件

　　在气压传动系统中，经常要求控制气动执行元件的运动速度，这需要通过调节压缩空气的流量来实现。凡用来控制气体流量的阀，称为流量控制阀。流量控制阀就是通过改变阀的通流截面面积来实现流量控制的元件，它包括节流阀、单向节流阀、排气节流阀和柔性节流阀等。

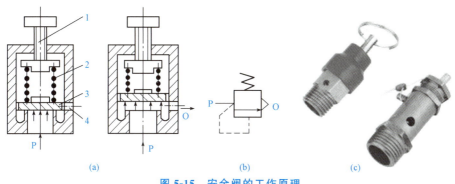

图 5-15　安全阀的工作原理

（a）结构；（b）职能符号；（c）实物

1—调节杆；2—弹簧；3—阀芯；4—排气口

1. 节流阀

图 5-16 所示为圆柱斜切型节流阀的结构及图形符号。压缩空气由 P 口进入，经过节流后，由 A 口流出，旋转阀芯螺杆可改变节流口的开度。由于这种节流阀的结构简单、体积小，故应用范围较广。节流阀实物如图 5-17 所示。

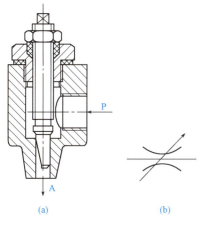

图 5-16　节流阀结构及图形符号

（a）结构原理；（b）图形符号

图 5-17　节流阀实物

2. 排气节流阀

排气节流阀的节流原理和节流阀一样，也是通过调节通流截面面积来调节阀的流量的。它们的区别是节流阀通常是安装在系统中调节气流的流量，而排气节流阀只能安装在排气口处，调节排入大气的流量，以此来调节执行机构的运动速度。图 5-18 所示为排气节流阀的工作原理，气流从 A 口进入阀内，由节流口 1 节流后经消声器 2 排出，因而它不仅能调节执行元件的运动速度，还能起到降低排气噪声的作用。

排气节流阀通常安装在换向阀的排气口处与换向阀联用，起单向节流阀的作用，它实际上只是节流阀的一种特殊形式。由于其结构简单，安装方便，故应用日益广泛。

3. 流量阀的使用

气动执行器的速度控制有进口节流和出口节流两种方式。出口节流由于背压作用，比进口节流速度稳定，动作可靠。只有少数的场合才采用进口节流方式来控制气动执行器的速度，如气缸推举重物等。

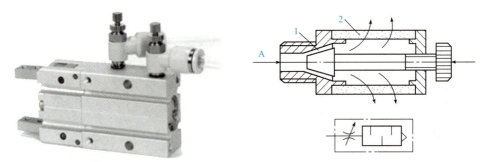

图 5-18　排气节流阀的工作原理

1—节流口；2—消声器

用流量控制气缸的速度比较平稳，但由于空气具有可压缩性，故气压控制比液压控制困难，一般气缸的运动速度不得低于 30 mm/s。

在气缸的速度控制中，若能充分注意以下各点，则在多数场合可以达到目的。

（1）彻底防止管路中的气体泄漏，包括各元件接管处的泄漏。

（2）要注意减小气缸运动的摩擦阻力，以保持气缸运动的平衡。

（3）加在气缸活塞杆上的荷载必须稳定。若荷载在行程中途有变化，其速度控制相当困难，甚至不可能。在不能消除变化的情况下，必须借助液压传动。

（4）流量控制阀应尽量靠近气缸等执行器安装。

5.3.3　方向控制元件

气动换向阀和液压换向阀相似，分类方法也大致相同。气动换向阀按阀芯结构不同可分为滑柱式（又称为柱塞式，也称滑阀）、截止式（又称提动式）、平面式（又称滑块式）、旋塞式和膜片式。其中，以截止式换向阀和滑柱式换向阀应用较多。

气动换向阀按其控制方式不同可以分为电磁换向阀、气动换向阀、机动换向阀和手动换向阀。其中，后三类换向阀的工作原理和结构与液压换向阀中相应的阀类基本相同。

气动换向阀按其作用特点可分为单向型控制阀和换向型控制阀。

5.3.3.1　单向型控制阀

单向型控制阀包括单向阀、或门型梭阀、与门型梭阀（双压阀）和快速排气阀。

1. 单向阀

常用的单向阀可分为普通单向阀和气控单向阀。

普通单向阀只允许气流在一个方向上通过，而在相反方向上则完全关闭，如图 5-19 所示，气流从 P 向 A 的流动称为正向流动。为了保证气流从 P 到 A 稳定流动，应在 P 口和 A 口之间保持一定的压力差，使阀保持在开启位置。若在 A 口加入气压，A、P 不通，即气流不能反向流动。弹簧的作用是增加密封性，防止低压泄漏。另外，在气流反向流动

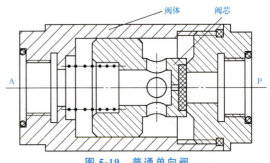

图 5-19　普通单向阀

时，阀门迅速关闭。气控单向阀比普通单向阀增加了一个控制口 K，如果在 K 口通入控制气体，在控制气体的作用下，阀芯被顶开，气体实现反向流动。

2. 或门型梭阀

在气压传动系统中，当两个通路 P_1 和 P_2 均与通路 A 相通，而不允许 P_1 与 P_2 相通时就要采用或门型梭阀。由于阀芯像织布梭子一样来回运动，因而被称为梭阀。该阀的结构相当于两个单向阀的组合。在气动逻辑回路中，该阀起到"或"门的作用，是构成逻辑回路的重要元件。

图 5-20 所示为或门型梭阀的工作原理。当通路 P_1 进气时，将阀芯推向右边，通路 P_2 被关闭，于是气流从 P_1 进入 A，如图 5-20（a）所示；反之，气流则从 P_2 进入 A，如图 5-20（b）所示；当 P_1、P_2 同时进气时，哪端压力高，A 就与哪端相通，另一端就自动关闭。图 5-20（c）所示为该阀的图形符号。

或门型梭阀在逻辑回路和程序控制回路中被广泛采用。

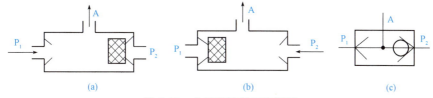

图 5-20 或门型梭阀工作原理

（a）P_1 进 A 出；（b）P_2 进 A 出；（c）图形符号

3. 与门型梭阀（双压阀）

与门型梭阀又称双压阀，该阀只有两个输入口，当 P_1、P_2 同时进气时，A 口才有输出，这种阀也是相当于两个单向阀的组合。图 5-21 所示为与门型梭阀（双压阀）的工作原理。当 P_1 或 P_2 单独输入时，阀芯被推向右端或者左端 [图 5-21（a）、（b）]，此时 A 口无输出；只有当 P_1 和 P_2 同时有输入时，A 口才有输出 [图 5-21（c）]。当 P_1 和 P_2 气体压力不等时，则气压低的通过 A 口输出。图 5-21（d）所示为该阀的图形符号。

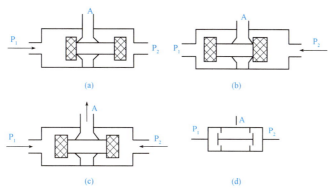

图 5-21 与门型梭阀

（a）P_1 单独输入；（b）P_2 单独输入；（c）P_1 和 P_2 同时输入；（d）图形符号

4. 快速排气阀

快速排气阀简称快排阀。它是加快气缸运动速度作快速排气用的。通常气缸排气时，气体是从气缸经过管路由换向阀的排气口排出的。如果从气缸到换向阀的距离较长，而换向阀的排气口小时，排气时间就较长，气缸动作速度较慢。此时，若采用快速排气阀，则气缸内的气体就能直接由快速排气阀排往大气，加快气缸的运动速度。安装快排阀后，气缸的运动速度提高 4～5 倍。

快速排气阀的工作原理如图 5-22 所示。当进气腔 P 进入压缩空气时，将密封活塞迅速上推，开启阀口 2，同时关闭排气口 1，使进气腔 P 与工作腔 A 相通 [图 5-22（a）]；当 P 腔没有压缩空气进入时，在 A 腔和 P 腔压差作用下，密封活塞迅速下降，关闭 P 腔，使 A 腔通过阀口 1 经过 O 腔快速排气，如图 5-22（b）所示，图 5-22（c）所示为该阀的图形符号。

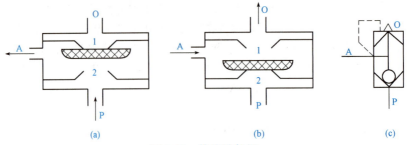

图 5-22 快速排气阀

（a）P 腔进气 A 腔排气；（b）A 腔进气 O 腔排气；（c）图形符号

1—排气口；2—阀口

5.3.3.2 换向型控制阀

换向型控制阀（简称换向阀）的功能是改变气体通过使气体流动方向发生变化，从而改变气动执行元件的运动方向。换向型控制阀包括气压控制换向阀、电磁控制换向阀、手动控制换向阀等。

1. 气压控制换向阀

气压控制换向阀是利用气体压力使主阀芯运动而使气体改变流向的。图 5-23 所示为单气控截止式换向阀的工作原理图，图 5-23（a）所示为没有控制信号 K 时的状态，阀芯在弹簧及 P 腔压力作用下关闭，阀处于排气状态；当输入控制信号 K 时，如图 5-23（b）所示主阀芯下移，打开阀口使 P 与 A 相通。所以，该阀属于常闭型二位三通阀，当 P 与 O 换接时，即成为常通型二位三通阀，图 5-23（c）所示为其图形符号。

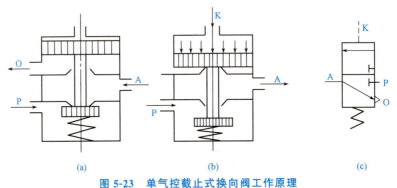

图 5-23 单气控截止式换向阀工作原理

（a）无控制信号；（b）输入控制信号；（c）图形符号

1—排气口；2—阀口

2. 电磁控制换向阀

气压传动中的电磁控制换向阀和液压传动中的电磁控制换向阀一样，也由电磁铁控制部分和主阀两部分组成，按控制方式不同分为电磁铁直接控制式电磁阀和先导式电磁阀两种。它们的工作原理分别与液压中的电磁阀和电液动阀类似，只是两者的工作介质不同。

由电磁铁的衔铁直接推动换向阀阀芯换向的阀称为直动式电磁阀，直动式电磁阀分为单电磁铁和双电磁铁两种。单电磁铁换向阀的工作原理如图 5-24 所示，图 5-24（a）所示为原始状态，图 5-24（b）所示为通电时的状态，图 5-24（c）所示为该阀的图形符号，图 5-25（d）所示为实物。从图中可知，这种阀阀芯的移动是依靠电磁铁，而复位是依靠弹簧，因而换向冲击较大，故一般只制成小型的阀。

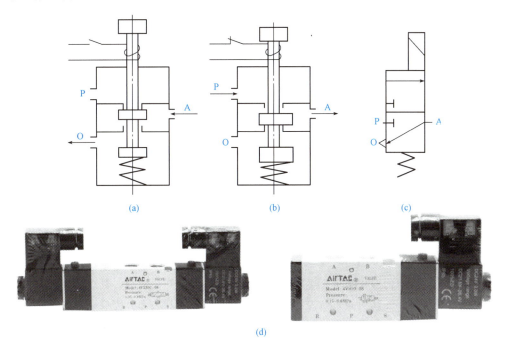

图 5-24 单电磁铁换向阀

（a）原始状态；（b）通电状态；（c）图形符号；（d）实物

3. 手动控制换向阀

图 5-25 所示为推拉式手动阀的工作原理和结构。如用手压下阀芯，如图 5-25（a）所示，则 P 与 A、B 与 T_2 相通。手放开，而阀依靠定位装置保持状态不变。当用手将阀芯拉出时，如图 5-25（b）所示，则 P 与 B、A 与 T_1 相通，气路改变，并能维持该状态不变。实物如图 5-25（c）所示。

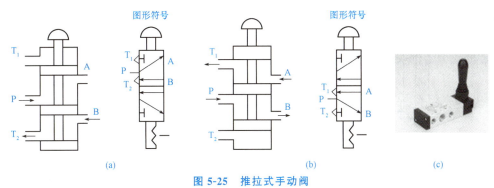

图 5-25 推拉式手动阀

（a）压下阀芯；（b）拉出阀芯；（c）实物

5.3.4 气动逻辑元件

气动逻辑元件是指在控制回路中能够实现一定逻辑功能的器件，它属于开关元件。它与微压气动逻辑元件相比，具有通径较大（一般为 2～2.5 mm）、抗污染能力强、对气源净化要求低等特点。通常，气动逻辑元件在完成动作后，具有关断能力，因此，耗气量小。

5.3.4.1　气动逻辑元件的分类

气动逻辑元件的种类较多，其分类方式如图 5-26 所示。

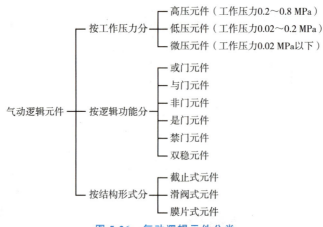

图 5-26　气动逻辑元件分类

气动逻辑元件的结构形式很多，主要由两部分组成：一是开关部分，其功能是改变气体流动的通断；二是控制部分，其功能是当控制信号状态改变时，使开关部分完成一定的动作。在实际应用中，为便于检查线路和迅速排除故障，气动逻辑元件上还设有显示、定位和复位机构等。

5.3.4.2　高压截止式逻辑元件

1. 或门元件

图 5-27 所示是或门元件的结构原理、图形符号和实物。在图中 a、b 为输入信号，s 为输出信号。当有输入信号 a 时，截止膜片 2 封住下阀座 1，信号 a 经上阀座 3 从输出端输出。当输入信号 b 时截止膜片 2 封住上阀座，b 信号经下阀座 1 从输出端输出。当 a、b 信号同时输入时，则不管封住上阀座 3 还是封住下阀座 1，或两者都没封住，输出端都有输出。因此，在输出信号 a 或 b 中，只要有一个信号存在，输出端就有输出信号。

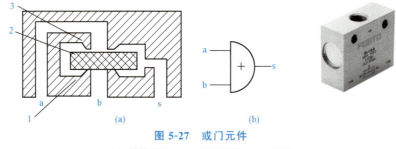

图 5-27　或门元件

（a）结构原理；（b）图形符号；（c）实物

1—下阀座；2—截止膜片；3—上阀座

2. 是门和与门

图 5-28 所示为是门和与门元件的工作原理和图形符号。图中 A 为信号的输入口，S 为信号的输出口，中间口接气源 P 时为是门元件。当 A 口无输入信号时，在弹簧及气源压力作用下使阀芯 2 上移，封住输出口 S 与 P 口通道，使输出口 S 与排气口相通，S 无输出；反之，当 A 有输入信号时，膜片 1 在输入信号作用下将阀芯 2 推动下移，封住输出口 S 与排气口通道，P 与 S 相通，S 有输出。即 A 端无输入信号时，S 端无信号输出；A 端有输入信号时，S 端有信号输出。

元件的输入和输出信号之间始终保持相同的状态。若将中间口不接气源而换接另一输入信号 B，则称为与门元件，即只有当 A、B 同时有输入信号时，S 才能有输出。

3. 非门与禁门

图 5-29 所示为非门和禁门元件工作原理和图形符号。A 为信号的输入端，S 为信号的输出端，中间孔接气源 P 时为非门元件。当 A 端无输入信号时，阀芯 3 在 P 口气源压力作用下紧压在上阀座上，使 P 与 S 相通，S 端有信号输出；反之，当 A 端有信号输入时，膜片 2 变形并推动阀杆，使阀芯 3 下移，关断气源 P 与输出端 S 的通道，则 S 便无信号输出。即当 A 端有信号输入时，S 无输出；当 A 端无信号输入时，则 S 有输出。活塞 1 用来显示输出的有无。

若把中间孔改作另一信号的输入口 B，则成为禁门元件。当 A、B 均有输入信号时，阀杆和阀芯 3 在 A 输入信号作用下封住 B 口，S 无输出；反之，在 A 无输入信号而 B 有输入信号时，S 有输出。信号 A 的输入对信号 B 的输入起"禁止"作用。

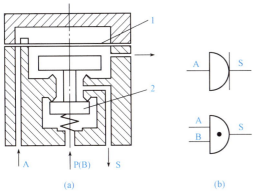

图 5-28　是门和与门元件
(a) 结构原理；(b) 图形符号
1—膜片；2—阀芯

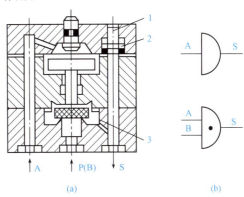

图 5-29　非门和禁门元件
(a) 结构原理；(b) 图形符号
1—活塞；2—膜片；3—阀芯

4. 或非元件

图 5-30 所示为或非元件的工作原理和图形符号。它是在非门元件的基础上增加两个信号输入端，即具有 A、B、C 三个输入端，中间孔 P 接气源，S 为信号输出端。当 3 个输入端均无信号输入时，阀芯在气源压力作用下上移，使 P 与 S 接通，S 有输出。当 3 个信号端中任一个有输入信号，相应的膜片在输入信号压力作用下，都会使阀芯下移，切断 P 与 S 的通道，S 无信号输出。或非元件是一种多功能逻辑元件，用它可以组成与门、是门、或门、非门、双稳等逻辑功能元件。

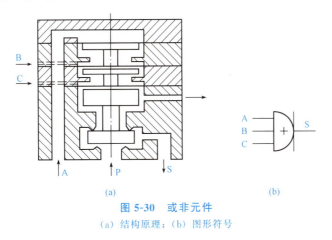

图 5-30　或非元件
(a) 结构原理；(b) 图形符号

5. 双稳元件

双稳元件的结构和图形符号如图 5-31 所示。它是在气压信号的控制下，由阀芯带动阀块移动，实现对输出端的控制功能。具体来说，当接通气源压力 p 后，如果加入控制信号 a，阀芯 4 被推至右端，此时气源口 P 与输出口 s_1 相通，输出端有输出信号；而另一个输出口 s_2 与排气口 O 相通，即处于无输出状态。若撤除控制信号 a，则元件保持原输出状态不变。只有加入控制信号 b，才能推动阀芯 4 左移至终端。此时，气源口 P 与输出口 s_2 相通，s_2 处于有输出状态；另一输出口 s_1 与排气口 O 相通，s_1 处于无输出状态。若撤除控制信号 b，则输出状态也不变。双稳元件的这一功能称为记忆功能，故又称双稳元件为记忆元件。

前面所介绍的几种气动逻辑元件，除双稳元件外，没有相对滑动的零部件，因此，工作时不会产生摩擦，故在回路中使用气动逻辑元件时，不必加油雾器润滑。另外，已讲过的许多滑块型换向阀也具备某些逻辑功能，在应用中可合理选择。

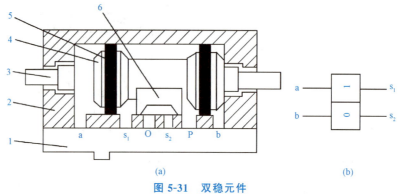

(a)   (b)

图 5-31　双稳元件

（a）结构原理；（b）图形符号

1—连接板；2—阀体；3—手动杆；4—阀芯；5—密封圈；6—滑块

项目分析

数控铣床加工时常用气动平口钳作为夹紧装置，本次任务主要讲解气动系统的组成及气动控制的特点。掌握气动系统包括哪些组成部分，以及压缩空气是怎么产生的。

项目实施

1. 空气压缩机的拆卸的基本原则

（1）拆卸时应按空气压缩机的各部分结构，预先考虑操作程序，以免发生先后倒置造成混乱，或贪图省事猛拆猛敲，造成零件损坏变形。

（2）拆卸的顺序一般与装配的顺序相反，即先拆外部零件，后拆内部零件，先拆上部，再拆下部。

（3）拆卸时，要使用专用工具、卡具，必须保证对合格零件不造成破坏。如卸气阀组合件时，也应使用专用工具，不允许把阀夹在台上直接拆下，这样容易将阀座等零件夹变形。拆活塞和装活塞时不能碰伤活塞环。

（4）大型空气压缩机的零件和部件都很重，拆卸时要准备好起吊工具、绳套，并在绑吊时注意保护好部件，不要碰伤和损坏。

（5）对拆卸下来的零件、部件要放在合适的位置，不要乱放，对大件、重要机件，不要放在地面上，应放在垫木上。例如：大型空气压缩机的活塞、气缸盖、曲轴、连杆等要特别防止因放置不当而发生变形，小零件放在箱子里，要盖好。

（6）拆卸下的零件要尽可能地按原来结构状态放在一起，对成套不能互换的零件在拆卸前要做好记号，拆卸后要放在一起，或用绳子串在一起，以免搞乱，使装配时发生错误而影响装配质量。

（7）注意几个人的合作关系，应有一人指挥，并做好详细分工（一定要在指导教师在场的情况下进行）。

2. 拆装气动元件时的注意事项

（1）符号和外形。

（2）进出口标示。

（3）按先外后内顺序拆卸和先内后外顺序安装。安装时要注意相关零件的装配关系。

（4）分析主要组件的作用。

项目评价

考核标准						
班级		组名			日期	
考核项目名称						
考核项目	具体说明		分值	教师	组	自评
讲解气动系统的组成和工作原理	系统组成，内容完整，讲解正确		15			
	工作原理、工作过程完整，原理表述正确		15			
空气压缩机的拆卸	能按照要求正确拆装空气压缩机		10			
	操作步骤及要求表述正确		10			
	主要组件分析正确		10			
	故障诊断现象分析正确		10			
	排除方法正确，操作合理		10			
	操作规范，团队协作，按照7S管理		10			
元件的英文名称	表述正确		10			
成绩评定	教师70%＋其他组20%＋自评10%					

项目小结

（1）本项目主要介绍了气动系统中常用控制阀、辅助元件的工作原理、结构、性能和应用等知识。

（2）气动执行元件是将压缩空气的压力能转化为机械能的能量转换装置，它包括气缸和气动马达。试分析用于实现直线往复运动时，选用何种执行元件？其结构特点是什么？

（3）气动系统的控制元件主要是控制阀，它用来控制和调节压缩空气的方向、压力和流量。试分析其结构特点，加深对各元件工作原理的理解。

任务检查与考核

5-1 填空题

1. 气源装置中压缩空气净化设备一般包括＿＿＿＿、＿＿＿＿、＿＿＿＿、＿＿＿＿、＿＿＿＿。

2. 选择空气压缩机的根据是气压传动系统所需的＿＿＿＿和＿＿＿＿两个主要参数。

3. 容器的放气过程基本上分为＿＿＿＿速和＿＿＿＿速两个阶段。

4. 气动顺序阀与气动溢流阀类似，不同之处在于＿＿＿＿开启后将压缩空气排入大气中，而＿＿＿＿打开后将压缩空气输入气动元件中去工作。

5. 气动单向顺序阀是由一个单向阀和一个＿＿＿＿组合而成的。

6. 气动梭阀相当于两个＿＿＿＿组合的阀，其作用相当于"或门"，工作原理与液压梭阀＿＿＿＿。

7. 与液压传动中的流量控制阀一样，气压传动中的流量控制阀也是通过改变阀的＿＿＿＿来实现流量控制的。

8. 气动减压阀与液动减压阀一样，也是以＿＿＿＿为控制信号工作的。

5-2 选择题

当 a、b 两孔同时有气信号时，s 口才有信号输出的逻辑元件是（　　）；当 a 或 b 任意一孔有气信号，s 口就有输出的逻辑元件是（　　）。

A. 与门　　　　　B. 禁门　　　　　C. 或门　　　　　D. 三门

5-3 简答题

1. 气动方向控制阀有哪些类型？它们各自具有什么功能？

2. 试说明排气节流阀的工作原理及用途。

3. 什么是干空气？什么是湿空气？

4. 绝对湿度和饱和绝对湿度、相对湿度的关系是什么？

5. 常用气动执行装置有哪些？

相关专业英语词汇

（1）液压马达——hydraulic motor

（2）气缸——cylinder

（3）外伸行程——extend stroke

（4）内缩行程——retract stroke

（5）缓冲——cushioning

（6）工作行程——working stroke

（7）负载压力——load pressure

（8）输出力——force

（9）单作用缸——single-acting cylinder

（10）双作用缸——double-acting cylinder

（11）差动缸——differential cylinder

（12）伸缩缸——telescopic cylinder

（13）实际输出力——actual force

项目6　气动门户开闭装置的设计

项目描述

公司要设计拉门的自动开闭回路，可将任务进行如下分解：

（1）气动方向控制回路。气动门户开闭装置需要使用气动换向阀改变压缩气动流动方向，从而改变气动执行元件的运动方向，然而常见的换向回路种类较多，那么应该选择哪一类气动换向回路？使用哪些换向元件？

（2）速度控制回路。常见的气动速度控制回路有哪些？在气动门户开闭装置中又可以使用哪种气动速度控制回路？

（3）压力控制回路。在设计液压回路时需要使用压力控制元件控制系统压力，那么在气动门户开闭装置中又使用哪些元件实现压力控制呢？

项目目标

知识目标	能力目标	素质目标
1. 掌握气动方向控制回路的常见类型与工作原理； 2. 掌握气动压力控制回路的常见类型与工作原理； 3. 掌握气动速度控制回路的常见类型与工作原理； 4. 了解复杂气动控制回路的工作原理、设计过程； 5. 掌握气动门户开闭装置的工作原理	1. 能够正确使用和选用气动元件； 2. 能够合理搭建基本气动回路； 3. 能够分析气动回路的工作过程； 4. 能够运用所学知识对一些简单的气动回路进行设计	1. 培养学生在完成任务过程中与小组成员团队协作的意识； 2. 培养学生文献检索、资料查找与阅读相关资料的能力； 3. 培养学生自主学习的能力

任务6.1　气动方向控制回路安装与调试

任务描述

设计并安装气动门户开闭装置中的方向控制回路。

微课：气动换向
回路工作原理

任务目标

1. 理解气动方向控制回路的工作原理。

2. 能设计简单的气动方向控制回路，提高学生的团队协作和实践能力。

气动系统通过各种气动换向阀改变压缩气体流动方向，从而改变气动执行元件的运动方向。常见的换向回路有单作用气缸换向回路、双作用气缸换向回路、气缸一次换向回路、气缸连续往复换向回路等。

在阅读气压传动系统图时，读图步骤一般可归纳如下：

（1）看懂图中各气动元件的图形符号，了解它的名称及一般用途。

（2）分析图中的基本回路及功用，在分析设计气动回路时要注意以下几点问题。

1）由于一个空气压缩机能够向多个气动回路供气，因此通常在设计气动回路时，空气压缩机是另行考虑的，在回路图中也往往被省略，但在设计时必须考虑原空气压缩机的容量，以免在增设回路后引起工作压力降低。

2）气动回路一般不设置排气管道，即不像液压那样一定要将使用过的油液排回油箱。

3）气动回路中气动元件的安装位置对其功能影响很大，对空气过滤器、调压阀、油雾器的安装位置更需要特别注意。

（3）了解系统的工作程序及程序转换的发信元件。

（4）按工作程序图逐个分析其程序动作。这里要特别注意主控阀芯的切换是否存在障碍。若设备说明书中附有逻辑框图，则用它作为指引来分析气动回路原理图更加方便。

（5）一般规定以工作循环中的最后程序终了时的状态作为气动回路的初始位置（或静止位置），因此，回路原理图中控制阀及行程阀的供气及进出口的连接位置，应按回路初始位置状态连接。这里必须指出的是回路处于初始位置时，回路中的每个元件并不一定都处于静止位置（原位）。

（6）一般所介绍的回路原理图，仅是整个气动控制系统中的核心部分，一个完整的气动系统还应有气源装置、气动三大件（空气过滤器、减压阀、油雾器）及其他气动辅助元件等。

6.1.1　单作用气缸换向回路

单作用气缸换向回路如图 6-1 所示。当电磁换向阀通电时，该阀换向，处于右位。此时，压缩空气进入气缸的无杆腔，推动活塞并压缩弹簧使活塞杆伸出。当电磁换向阀断电时，该阀复位至图示位置。活塞杆在弹簧力的作用下回缩，气缸无杆腔的余气经电磁换向阀排气口排入大气。这种回路具有简单、耗气少等特点；但气缸有效行程减少，承载能力随弹簧的压缩量而变化。在应用中气缸的有杆腔要设置呼吸孔，否则，不能保证回路正常工作。

6.1.2　双作用气缸换向回路

图 6-2 所示是双作用气缸换向回路。当有 K_1 信号时，换向阀换向，处于左位，气缸无杆腔进气，有杆腔排气，活塞杆伸出；当 K_1 信号撤除，加入 K_2 信号时，换向阀处于右位，气缸进、排气方向互换，活塞杆回缩。由于双气控换向阀具有记忆功能，故气控信号 K_1、K_2 使用长、短信号均可，但不允许 K_1、K_2 两个信号同时存在。

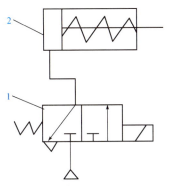

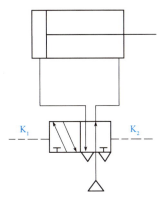

图 6-1　单作用气缸换向回路　　图 6-2　双作用气缸换向回路

1—电磁换向阀；2—气缸

任务分析

在实训台上连接图 6-3 所示的气缸连续往复换向回路，观察气缸状态。

原理分析：气缸 5 的活塞退回（左行），当行程阀 3 被活塞杆上的活动挡铁 6 压下时，气路处于排气状态；当按下具有定位机构的手动换向阀 1 时，控制气体经阀 1 的右位、阀 3 的上位作用在气控换阀 2 的右控制腔，阀 2 切换至右位，气缸的无杆腔进气、有杆腔排气，实现右行进给；当活动挡铁 6 压下行程阀 4 时，气路经阀 4 上位排气，阀 2 在弹簧力作用下复至图示左位，此时，气缸有杆腔进气，无杆腔排气，做退回运动；当活动挡铁压下阀 3 时，控制气体又作用在阀 2 的右控制腔，使气缸换向进给；周而复始，气缸自动往复运动；当拉动阀 1 至左位时，气缸停止运动。

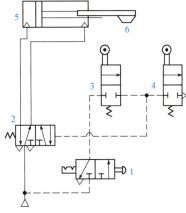

图 6-3　气缸连续往复换向回路

1—手动换向阀；2—气控换阀；

3、4—行程阀；5—气缸；6—活动挡铁

任务实施

经过学习前面的内容和任务分析，标注出元件的名称。

操作步骤如下：

（1）按照实训回路图的要求，取出对应的气动元件。

（2）将检查完毕性能完好的气动元件安装在实验台面板合理位置，通过快换接头和气管按回路要求连接。

（3）经指导教师检查后，接上气源。

（4）反复按下和松开按钮，观察活塞杆运动情况。注意转换频率不宜过高。

（5）实训完毕，拆解回路，并做好元件保养和场地卫生工作。

（6）分析：如在阀1右位时，活塞杆没有做连续往复运动，可能是什么原因造成的？

任务评价

考核标准					
班级		组名		日期	
考核项目名称					
考核项目	具体说明	分值	教师	组	自评
气动方向控制回路安装、调试	能按照设计图正确安装气源装置	15			
	操作步骤及要求表述正确	15			
	操作步骤正确，安全阀检查操作正确	25			
	开机顺序正确	10			
	元件选择正确	15			
	操作规范，团队协作，按照7S管理	10			
元件的英文名称	表述正确	10			
成绩评定	教师70％＋其他组20％＋自评10％				

任务6.2 气动速度控制回路安装与调试

任务描述

设计并安装气动门户开闭装置中气动速度控制回路。

任务目标

1. 理解气动速度控制回路的工作原理。
2. 能够在团队协作过程中设计简单的气动速度控制回路。

微课：气动速度
回路工作原理

速度控制主要是指通过对流量阀的调节，达到对执行元件运动速度的控制。对于气动系统，其承受的负载较小，如果对执行元件的运动速度平稳性要求不高，那么可以选择一定的速度控制回路，以满足一定的调速要求。对于气动系统的调速，较容易实现气缸运动的快速性，是其独特的优点，但是由于空气的可压缩性，要想得到平稳的低速难度较大。对此，可以采取一些措施，如通过气液阻尼或气液转换等方法，就能得到较好的平稳低速。

与液压系统速度换接一样，气动系统速度换接也是使执行元件从一种速度转换为另一种速度。众所周知，速度控制回路的实现，都是改变回路中流量阀的流通截面面积以达到对执行元件调速的目的。

图 6-4 所示是一种用行程阀实现气缸空程快进、接近负载时转为慢进的一种常用回路。当二位五通换向阀 1 切换至左位时，气缸 5 的无杆腔进气，有杆腔经行程阀 4 下位、换向阀 1 左位排气，实现快速进给。当活动挡铁 6 压下行程阀时，气缸有杆腔经节流阀 2、换向阀 1 排气，气缸转为慢速运动，实现了快速转慢速的换接控制。

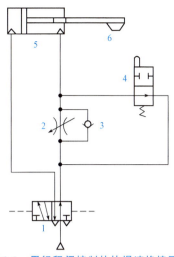

图 6-4 用行程阀控制的快慢速换接回路
1—换向阀；2—节流阀；3—单向阀；
4—行程阀；5—气缸；6—活动挡铁

任务分析

在实训台上连接图 6-5 所示的安全操作回路，观察气缸工作状态。

原理分析：回路中特意设置了两个手动二位三通换向阀构成了与门逻辑关系，使用时必须双手同时压下手动换向阀 1、2，主控阀 3 才能换向，气缸动作。这就对操作者的双手起了保护作用，可防止在冲床等生产过程中气缸推出的冲头和气锤压伤人。

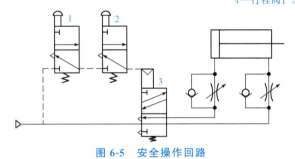

图 6-5 安全操作回路
1、2—手动换向阀；3—主控阀

任务实施

通过学习前面的内容和任务分析，标注出元件的名称。

实训步骤如下：

（1）按照实训回路图的要求，取出对应的气动元件，并检查型号是否正确。

（2）将检查完毕、性能完好的气动元件安装在实验台面板的合理位置上，通过快换接头和气管按回路要求连接。

（3）把节流阀的旋钮拧到最底，使其开口最小。

（4）经指导教师检查后，接上气源。

（5）压下手动换向阀1和2，观察气缸动作。

（6）旋动节流阀上的旋钮，调节气体流量，观察活塞杆运动的速度变化。

（7）实训完毕，拆解回路，并做好元件保养和场地卫生工作。

任务评价

考核标准						
班级		组名			日期	
考核项目名称						
考核项目	具体说明		分值	教师	组	自评
气动速度控制回路安装、调试	能够按照设计图正确安装气源装置		15			
	操作步骤及要求表述正确		15			
	操作步骤正确，安全阀检查操作正确		25			
	开机顺序正确		10			
	元件选择正确		15			
	操作规范，团队协作，按照7S管理		10			
元件的英文名称	表述正确		10			
成绩评定	教师70％＋其他组20％＋自评10％					

任务6.3 气动压力控制回路安装与调试

项目描述

设计并安装气动门户开闭装置中气动压力控制回路。

项目目标

1. 理解气动压力控制回路的工作原理。
2. 能够设计简单的气动压力控制回路。

微课：气动压力
控制回路工作原理

在一个气动控制系统中，进行压力控制主要有两个目的。第一是为了提高系统的安全性，在此主要是指控制一次压力。如果系统中压力过高，除会增加压缩空气输送过程中的压力损失和泄漏外，还会使配管或元件破裂而发生危险。因此，压力应始终控制在系统的额定值以下，一旦超过了所规定的允许值，能够迅速溢流降压。第二是给元件提供稳定的工作压力，使其能充分发挥元件的功能和性能，在此主要是指二次压力控制。

6.3.1 一次压力控制回路

一次压力控制回路用于使储气罐送出的气体压力不超过规定压力。为此，通常在储气罐上安装一只安全阀，用来实现一旦罐内压力超过规定压力就向大气放气；也常在储气罐上安装电接点压力表，一旦罐内压力超过规定压力，即控制空气压缩机断电，不再供气。图 6-6 所示为一次压力控制回路。

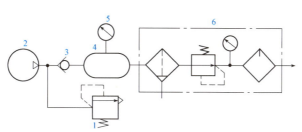

图 6-6　一次压力控制回路

1—溢流阀；2—空压机；3—单向阀；4—储气罐；

5—电接点压力表；6—气源调节装置

6.3.2　二次压力控制回路

为保证气动系统使用的气体压力为一稳定值，多采用如图 6-7 所示的由空气过滤器、减压阀、油雾器（气动三大件）组成的二次压力控制回路，但要注意，供给逻辑元件的压缩空气不要加入润滑油。

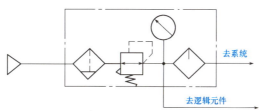

图 6-7　二次压力控制回路

6.3.3　高低压选择回路

在实际应用中，某些气动控制系统需要有高、低压力的选择。例如，加工塑料门窗的三点焊机的气动控制系统中，用于控制工作台移动的回路的工作压力为 0.25～0.3 MPa，而用于控制其他执行元件的回路的工作压力为 0.5～0.6 MPa。对于这种情况，若采用调节减压阀的方法来解决，会十分麻烦，因此，可采用如图 6-8 所示的高、低压选择回路。该回路只要分别调节两个减压阀，就能得到所需要的高压和低压输出。若需要在同一管路上有时输出高压，有时输出低压，此时可选用图 6-9 所示回路。当换向阀有控制信号 K 时，换向阀换向处于上位，输出高压；当无控制信号 K 时，换向阀处于图示位置，输出低压。

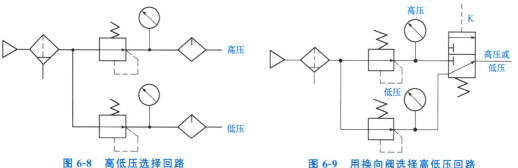

图 6-8　高低压选择回路　　　　**图 6-9　用换向阀选择高低压回路**

在上述几种压力控制回路中．所提及的压力都是指常用的工作压力值（一般为 0.4～0.5 MPa），如果系统压力要求很低，如气动测量系统的工作压力在 0.05 MPa 以下，此时使用普通减压阀就不合适了，因其调节的线性度较差应选用精密减压阀或气动定值器。

任务分析

在实训台上连接如图 6-10 所示的回路，观察气缸工作状态。

原理分析：图 6-10 所示的采用顺序阀的过载保护回路，当气控换向阀 2 切换至左位时，气缸的无杆腔进气、有杆腔排气，活塞杆右行；当活塞杆遇到挡铁 5 或行至极限位置时，无杆腔压力快速增高，当压力达到顺序阀 4 开启压力时，顺序阀开启，避免了过载现象的发生，保证了设备安全；气源经顺序阀或门梭阀 3 作用在阀 2 右控制腔使换向阀复位，气缸退回。

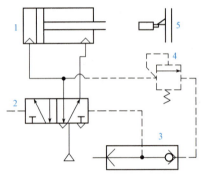

图 6-10   采用顺序阀的过载保护回路

任务实施

通过学习前面的内容和任务分析，标注出元件的名称。

实训步骤：

（1）按照实训回路图的要求，取出对应的气动元件，并检查型号是否正确。

（2）将检查完毕、性能完好的气动元件安装在实验台面板的合理位置上，通过快换接头和气管按回路要求连接。

（3）经指导教师检查后，接上气源。

（4）切换气控换向阀 2 至左位，观察气缸工作状态。

（5）顺序阀开启，观察气缸工作状态。

（6）实训完毕，拆解回路，并做好元件保养和场地卫生工作。

任务评价

考核标准						
班级		组名			日期	
考核项目名称						
考核项目	具体说明		分值	教师	组	自评
气动压力控制回路安装、调试	能按照设计图正确安装气源装置		15			
	操作步骤及要求表述正确		15			
	操作步骤正确，安全阀检查操作正确		25			
	开机顺序正确		10			
	元件选择正确		15			
	操作规范，团队协作，按照7S管理		10			
元件的英文名称	表述正确		10			
成绩评定	教师70%＋其他组20%＋自评10%					

项目分析

门的形式多种多样，有推门、拉门、屏风式的折叠门、左右门扇的旋转门及上下关闭的门等。在此就拉门、旋转门的气动回路加以说明。

1. 拉门的自动开闭回路之一

这种形式的自动门是在门的前、后装有略微浮起的踏板，行人踏上踏板后，踏板下沉压至检测阀，门就自动打开。行人走过后，检测阀自动地复位换向，门就自动关闭。图6-11所示为该装置的回路。

此回路图比较简单，不再做详细说明。只是回路图中单向节流阀3与4起着重要的作用，通过对它们的调节可实现开关门速度的调节。另外，在X处装有手动闸阀，作为故障时应急元件。当检测阀1发生故障而打不开门时，打开手动阀将空气放掉，用手可把门打开。

2. 拉门的自动开闭回路之二

图6-12所示为拉门的另一种自动开闭回路。该装置是通过连杆机构将气缸活塞杆的直线运动转换成门的开闭运动。利用超低压气动阀来检测行人的踏板动作。在踏板6、11的下方装有一根一端完全密封的橡胶管，而管的另一端与超低压气动阀7和12的控制口相连接，因此，当人站在踏板上时，橡胶管内的压力上升，超低压气动阀就开始工作。

首先用手动阀1使压缩空气通过气动换向阀2让气缸4内的活塞杆伸出，此时门为关闭状态。若有人站在踏板6或11上，则超低压气动阀7或12动作，使气动换向阀2换向，气缸4的活塞杆收回，这时门打开。若是行人已走过踏板6和11，则气动换向阀2控制腔的压缩空气经由气容10和阀8、9组成的延时回路而排气，气动换向阀2复位，气缸4的活塞杆伸出使门关闭。由此可见，行人从门的哪边出都可以。另外，由于某种原因将行人夹住时，通过调节压力调节器13的压力，不会使其达到受伤的程度，若将手动阀1复位，则变为手动门。

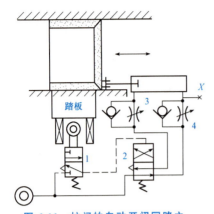

图6-11 拉门的自动开闭回路之一

1—检测阀；2—主控网；3、4—单向节流阀

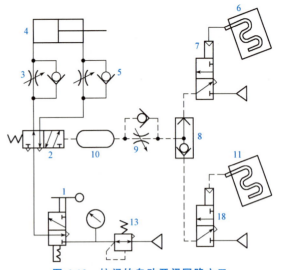

图6-12 拉门的自动开闭回路之二

1—手动阀；2—气动换向阀；3、5、8、9—单向节流阀；

4—气缸；6、11—踏板；7、12—超低压气动阀；

10—气窗；13—压力调节器

3. 旋转门的自动开闭回路

旋转门是左右两扇门绕两端的曲轴旋转而开的门。图6-13所示为旋转门的自动开闭回路。此回路只能单方向开启，不能反方向打开，为防止发生危险，只用于单向通行的地方。行人踏上门前的踏板时，由于其重量使踏板产生微小的下降，检测阀LX被压下，主阀1与主阀2换向，空气进入气缸1与气缸2的无杆腔，通过齿轮齿条机构，两边的门窗同时向一方打开。行人通过后，踏板恢复到原来的位置，检测阀LX自动复位。主阀1与主阀2换向到原来位置，气缸活塞杆后退，使门关闭。

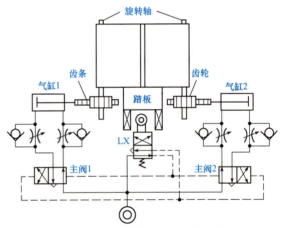

图6-13 旋转门的自动开闭回路

项目实施

经过学习前面的内容和项目分析，在仿真软件上完成任意一个气动门户开闭装置回路图，在下框中绘制回路图，并在框中写出所用元件名称。

**项目评价**

考核标准						
班级		组名			日期	
考核项目名称						
考核项目	具体说明		分值	教师	组	自评
气动方向控制回路安装、调试	回路设计过程中元件选择正确		30			
	回路仿真能够满足设计要求		40			
	操作规范，团队协作，按照7S管理		20			
元件的英文名称	表述正确		10			
成绩评定	教师70%＋其他组20%＋自评10%					

拓展知识

知识点1　气动系统的使用与维护

1. 气动系统使用注意事项

（1）开车前后要放掉系统中的冷凝水。

（2）定期给油雾器加油。

（3）随时注意压缩空气的清洁度，定期清洗空气过滤器的滤芯。

（4）开车前检查各调节手柄是否在正确位置，行程阀、行程开关、挡块的位置是否正确、牢固。对导轨、活塞杆等外露部分的配合表面擦拭干净后方能开车。

（5）设备长期不用时，应将各手柄放松，以免弹簧失效而影响元件的性能。

（6）熟悉元件控制机构操作特点，严防调节错误造成事故。要注意各元件调节手柄的旋向与压力、流量大小变化的关系。

2. 气动系统的噪声

气动系统的噪声已成为文明生产的一种严重污染，是妨碍气动推广和发展的一个重要原因。目前消除噪声的主要方法：一是利用消声器；二是实行集中排气。

3. 气动系统密封问题

气动系统中的阀类、气缸及其他元件，都存在大量的密封问题。密封的作用就是防止气体在元件中的内泄漏和元件的外泄漏，以及杂质从外部侵入气动系统内部。密封件虽小，但与元件的性能和整个系统的性能都有密切的关系，个别密封件的失效，可能导致元件本身乃至整个系统不能工作。因此，对于密封问题，千万不可忽视。

密封性能良好，首先要求结构设计合理。此外，密封材料的质量及对工作介质的适应性，也是决定密封效果的重要方面。气动系统中常用的密封材料有石棉、皮革、天然橡胶、合成橡胶及合成树脂等。其中，合成橡胶中的耐油丁腈橡胶用得最多。

知识点2　中国空气动力研究与发展中心

中国空气动力研究与发展中心是为适应中国航空航天事业和国民经济发展需要，由钱学森、郭永怀规划，于1968年2月组建的国家级空气动力试验研究中心，被誉为"空气动力事业国家队"。该中心主要负责飞行器空气动力相关的风洞试验、数值模拟、模型飞行试验及关键技术攻关，提供气动数据和气动问题解决方案；飞行器空气动力性能验证评估；空气动力学及交叉学科基础理论、新概念、新技术和新方法研究与应用转化，以及相关研究成果的演示验证；空气动力设备设计建设，试验技术和测试技术研究等任务（图 6-14）。

图 6-14　中心研究任务

项目小结

本项目主要介绍了气动回路的工作过程以及典型气动系统的分析等知识。气动基本回路根据其功用可分为方向控制回路、压力控制回路和速度控制回路。气动回路的动作机理与液压回路基本相似。

任务检查与考核

1. 一次压力控制回路和二次压力控制回路有何不同？各用于什么场合？

2. 图 6-15 所示为差压控制回路，图 6-15（a）中单向阀用于快速排气，图 6-15（b）中的快速排气则由快速排气阀来实现。试分析两个回路的工作原理。

3. 图 6-16 所示为采用节流阀的单作用气缸的双向调速回路。试分析这两种调速回路有何不同，以及哪个回路的调速精度较高。为什么？

4. 分析如图 6-17 所示回路的工作过程，并指出元件名称。

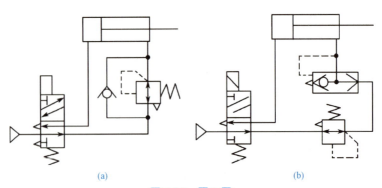

(a)　　　　　　　　　　　　　　(b)

图 6-15　题 2 图

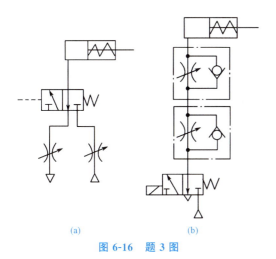

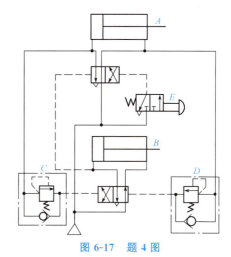

(a)   (b)

图 6-16　题 3 图   **图 6-17　题 4 图**

 相关专业英语词汇

（1）安全操作回路——safety operating loop

（2）气液阻尼——gas-liquid damping

（3）气锤——pneumatic hammer

（4）快换接头——quick change connectors

（5）高低压——high and low voltage

（6）气动测量系统——pneumatic measuring system

（7）检测阀——the test valve

（8）气液动力滑台——gas-hydraulic power slide table

项目 7　电液气控制系统的安装与调试

项目描述

　　本项目利用液压与气压传动综合实训设备，通过工业双泵液压站的安装、调试和参数测量，典型液压与气动系统回路的设计、安装、调试和故障分析，以及比例阀 PID 控制技术应用，完成综合自动控制系统的调试、运行、参数校对，每个模块互相衔接，组成如图 7-1 所示。

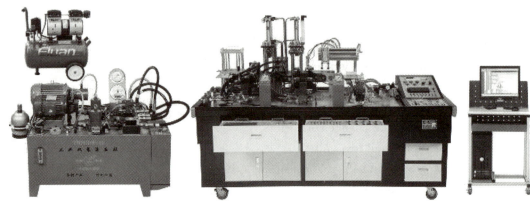

图 7-1　THPHDW-1A 型液压与气压传动综合实训系统

　　可将任务进行如下分解：

　　1. 液压系统回路设计与装调

　　采用规范的安装及调试工艺，完成工业双泵液压泵站的安装及工作压力调试。选择适当的液压阀，组建板式回路或叠加回路，完成液压系统安装与调试。采用规范的安装及调试工艺，结合气动回路系统原理图，选用合适的气动阀及器件，完成气动系统回路安装与调试，以及液压系统油路优化和气动系统回路优化设计。

　　2. 气动控制回路安装与连接

　　采用规范的安装及调试工艺，结合 I/O 分配表，选取合适的导线和辅件，完成电气控制回路的连接，并完成各执行部件动作功能测试。

　　3. 控制系统程序设计

　　编写控制程序，控制液压泵站、传输单元、滚轧单元、冲压单元、下料堆垛单元，完成整机调试与运行。

项目目标

　　采用"THPHDW-1A 型液压与气压传动综合实训系统"技术平台，既培养学生在液压与气动系统的安装、调试、故障排除及使用维护等方面的技能，同时考查学生的统筹计划能力、质量意识、安全意识和职业素养，促使学生掌握液压与气动最新技术的应用知识。

知识目标	能力目标	素质目标
1. 掌握电工电子基本理论、技术、原理图和应用，并熟练使用测量设备； 2. 掌握液压和气动设备的原理和应用及液压驱动系统的安全知识。学会识别、选择、移动和安装管道系统和液压泵，并能进行相关计算、安装、维修和查故排故； 3. 学会解决电子、机械、电路和流体动力安装问题，探测故障并在必要时进行维修	1. 能够读取和解释工程制图和原理图，有效利用产品手册，依据原理图安装和选择、替换正确的控制阀和电路； 2. 能够使用电气设备查故排故，移动和复位过载设备	1. 培养学生在完成任务过程中与小组成员团队协作的意识； 2. 培养学生文献检索、资料查找与阅读相关资料的能力； 3. 培养学生自主学习的能力

任务 7.1　液压系统回路设计与装调

任务描述

使用本系统组建液压系统的液压泵站，进行双泵调试，完成送料等液压单元的安装与调试。

微课：工作台
工作演示

任务目标

1. 本实训系统的组成、技术参数。
2. 能在团队合作的过程中正确安装与调试液压泵站、液压系统回路。

7.1.1　系统概述

本实训系统依据相关国家职业标准及行业标准，结合各职业学校机械类、机电类专业要求，按照职业教育的教学和实训要求而研发。实训系统集液压、气动、PLC电气控制及液压仿真技术于一体，满足专业实训教学，通过开

微课：双泵调压

微课：油路连接

展项目式实训，培养学生液压泵站安装与调试、液压系统组装与调试、气动系统安装与调试、电气控制技术、PLC应用技术和液压与气动系统运行维护等职业能力。

7.1.2　技术参数

（1）输入电源：三相四线（三相五线）380（1±10%）V，50 Hz。

（2）工作环境：温度−10 ℃～40 ℃，相对湿度≤85%（25 ℃）。

（3）装置容量：≤5.0 kV·A。

（4）外形尺寸：

1）实训平台尺寸：2 200 mm×900 mm×980 mm；

2）双泵液压站尺寸：1 400 mm×700 mm×900 mm；

3）模拟装置尺寸：1 500 mm×400 mm×730 mm。

（5）安全保护：具有漏电压、漏电流保护，安全符合国家标准。

7.1.3 系统结构与组成

系统由 THPHDW-01 液压与气动综合实训平台、THPHDW-02 工业双泵液压站和 THPHDW-03 全自动轧钢冲压模拟装置三大部分组成。

（1）THPHDW-01：液压与气动综合实训平台主要由实训平台、液压元件模块、叠加阀实训模块、气动元件模块、电气控制模块、液压与气动仿真软件、测控仪表、装调工具、实训配件、电脑桌等组成。

（2）THPHDW-02：工业双泵液压站采用两套液压泵机组，其中一套为高压定量柱塞泵机组，另一套为限压式变量叶片泵机组，每套泵机组上均安装有系统调压组件，配套泵站控制单元，泵站系统中配置有系统压力表、风冷却器、蓄能器、液位控制继电器、油温液位计、压力管路过滤器、空气滤清器等（图 7-2）。

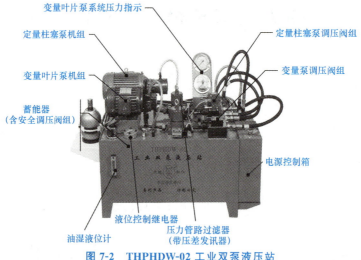

图 7-2　THPHDW-02 工业双泵液压站

（3）THPHDW-03：全自动轧钢冲压模拟装置由气动上料实训模块、传送实训模块（液压马达控制）、轧钢实训模块（双缸同步）、冲压实训模块和下料实训模块（气动机械手）组成，通过 PLC 控制可以完成独立站点的运行，也可以组成系统实现联动控制（图 7-3）。

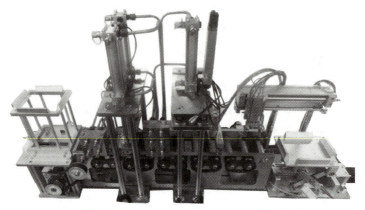

图 7-3　THPHDW-03 全自动轧钢冲压模拟装置

液压与气动综合实训平台基本配置见表 7-1。

表 7-1　液压与气动综合实训平台基本配置

实训模块名称		主要配置	数量	备注
基础实训模块	实训平台	平台采用铁质双层亚光密纹喷塑结构，设有电气控制部件、实训元件存储柜、工具抽屉，底部安装有 4 只万向轮，方便移动和布局	1 套	
	空气压缩机	公称容积 24 L，额定流量 116 L/min，额定输出气压 1 MPa	1 台	
	配套工具	电工工具套装含数字式万用表、剥线钳、尖嘴钳、斜口钳、螺钉旋具、镊子、剪刀、电烙铁、烙铁架、焊锡丝等；内六角扳手（九件套装）等	1 套	
电气控制模块	DW-01 控制按钮模块	按钮模块配置 5 只带灯复位按钮开关、5 只带灯自锁按钮开关、1 只急停开关、1 只二位旋钮开关、1 只三位旋钮开关、1 只蜂鸣器，以上器件所有触点全部引到面板上，方便与控制回路的连接	1 套	
	DW-02A 西门子主机模块	采用西门子 S7-200 SMART CPUSR20 主机，12 输入/8 继电器输出，外加 EM DR16 数字量扩展模块，（8 输入/8 继电器输出）及 EM AM06 模拟量扩展模块（4 输入/2 输出）	1 套	二选一
	DW-02B-2 三菱主机模块	采用三菱第三代 3U 系列主机，FX3U-32MR 16 点输入/16 点继电器输出，外加模拟量组合模块 FX3U-4AD、FX3U-4DA，4 输入/4 输出		
	DW-03 继电器控制模块	配置 8 只直流 24 V 继电器，1 只直流 24 V 时间继电器，触点全部引到面板上，方便与控制回路的连接。开关量（包括线圈）接线端子全部引到面板上，并且线圈得电时有相应的指示灯指示	1 套	
	DW-04 比例调速阀控制模块	供电电压：直流 24（1±10%）V；功率 50 W；控制电压 ±9（1±2%）V；负载电阻 10Ω；最大输出电流 2 200 mA；振荡频率 2.5 kHz 等	1 套	
测控仪表	耐震压力表	YN-60ZQ/10 MPa，量程范围 0～10 MPa，内置甲基硅油	2 只	
	压力变送器	0～10 MPa	2 只	
	涡轮流量传感器	涡轮流量传感器	1 只	
	智能测量仪	智能仪表采用 LED 数码显示，内部控制采用先进的人工智能调节（AI）算法，具备自整定（AT）功能	1 只	
液压元件模块	双作用液压缸	行程 200 mm	2 个	
	二位三通电磁换向阀	3WE6A61B/CG24N9Z5L	2 只	
	二位四通电磁换向阀	4WE6C61B/CG24N9Z5L	1 只	
	单向阀	RVP8	1 只	
	液控单向阀	SV10PA2	2 只	
	单向节流阀	DRVP8-1-10B	2 只	
	二通流量阀（调速阀）	2FRM5-31B/15QB	2 只	

学习笔记

实训模块名称	主要配置	数量	备注
直动式溢流阀	DBDH6P10B/100	1 只	
直动式顺序阀	DZ6DP1-5X/75	1 只	
直动式减压阀	DR6DP1-5X/75 YM	1 只	
压力继电器	HED4OP	2 只	
比例调速阀	2FRE6B-20B/10QR	1 只	
比例换向阀组件（含叠加式过滤器）	HTHD-4WREE6E-08-2X/G24K31/A1（含集成放大器）	1 只	
叠加式溢流阀	MBP-01-C-30	1 只	
叠加式溢流阀	MBA-01-C-30	1 只	
叠加式溢流阀	MBB-01-C-30	1 只	
叠加式减压阀	MRP-01-B-30	1 只	
叠加式减压阀	MRA-01-B-30	1 只	
叠加式减压阀	MRB-01-B-30	1 只	
叠加式顺序阀	MHP-01-C-30	1 只	
叠加式压力开关	MJCS-02-A-2-DC24	1 只	
叠加式压力开关	MJCS-02-B-2-DC24	1 只	
叠加式单向节流阀	MSA-01-X-10	1 只	
叠加式单向节流阀	MSB-01-Y-10	1 只	
叠加式单向节流阀	MSA-01-Y-10	1 只	
叠加式单向节流阀	MSB-01-X-10	1 只	
叠加式单向调速阀	MFA-01-Y-10	1 只	
叠加式单向调速阀	MFB-01-Y-10	1 只	
叠加式液控单向阀	MPW-01-2-40	1 只	
三位四通电磁换向阀	DSG-01-3C2-D24-N1-50（O 型）	1 只	
三位四通电磁换向阀	DSG-01-3C4-D24-N1-50（Y 型）	1 只	

注：叠加阀实训模块（对应"叠加阀实训模块"一列为合并单元格）

学习笔记

实训模块名称		主要配置	数量	备注
	三位四通电磁换向阀	DSG-01-3C9-D24-N1-50（P型）	1只	
	带应急手柄的电磁换向阀	HD-4WEM6H-7X/CG24N9Z5L（H型）	1只	
	叠加式电磁单向节流阀	FMS-G0-02A（24V）	1只	
	叠加阀基础组件	叠加阀压力表连接板、叠加阀双组基础阀板、叠加阀三组基础阀板、叠加阀顶板	1套	
气动元件模块	双作用气缸	MAL-CA-32×125-S-LB（含磁性开关及绑带）	2只	
	气动三联件	AC2000-08	1只	
	调压阀（带压力表）	SR200-08	2只	
	单电控二位三通阀	3V210-08NC/DC24 V	1只	
		3V210-08NO/DC24 V	1只	
	单电控二位五通阀	4V210-08/DC24 V	3只	
	双电控二位五通阀	4V220-08/DC24 V	2只	
	三位五通电磁换向阀	4V230C-08/DC24 V	1只	
	单气控二位五通阀	4A210-08	2只	
	单气控二位三通阀	3A210-08NO	2只	
		3A210-08NC	2只	
	双气控二位五通阀	4A220-08	2只	
	气控延时阀	XQ230650（常闭式）	1只	
	单向节流阀	ASC200-08	6只	
	快速排气阀	Q-02	2只	
	门型梭阀	ST-01	2只	
	与门型阀	STH-01	2只	
	滚轮杠杆式机械阀	S3R-08	2只	

学习笔记

工业双泵液压站基本配置见表7-2。

表7-2 工业双泵液压站基本配置

序号	实训模块名称	主要配置	数量	备注
1	工业泵站油箱	电源控制箱：泵站控制电气部分由智能温度仪、液位继电器、交流接触器、热保护器、急停按钮等器件组成，电气元件接口全部开放，内置接线端子排，通过PLC可实现自动化远程控制。 箱体：最大容积140 L，3 mm钢板，亚光密纹喷塑	1只	
2	定量柱塞泵组	定量柱塞泵：5MCY14-1B，排量5 mL/r，系统额定压力10 MPa； 电动机：三相交流电压380 V，额定功率3 kW，额定转速1 420 r/min，绝缘B	1套	
3	变量叶片泵组	限压式变量叶片泵：VP-08 额定流量8 L/min，系统额定工作压力6.3 MPa 电动机：三相交流电压380 V，额定功率1.5 kW，额定转速1 420 r/min，绝缘B	1套	
4	液压泵调压组件	定量泵调压组件：由系统调压阀底座、先导式溢流阀、直动式溢流阀（管式）、二位三通电磁换向阀、直动式溢流阀、单向阀等组成。 变量叶片泵调压组件：由系统调压阀底座、直动式溢流阀、单向阀等组成	各1套	
5	液压站配套附件	由蓄能器、风冷却器、压力管路过滤器、耐震不锈钢压力表、耐震不锈钢电接点压力表、32号抗磨液压油、油温液位计、清洁盖、空气滤清器、吸油过滤器等组成	1套	

全自动轧钢冲压模拟装置基本配置见表7-3。

表7-3 全自动轧钢冲压模拟装置基本配置

序号	实训模块名称	主要配置	数量	备注
1	模拟装置控制单元	采用西门子S7-200 SMART CPUST20主机，12输入/8晶体管输出，外加EMDT16数字量扩展模块，8输入/8输出	1套	二选一
2		采用三菱第三代3U系列主机，FX3U-32MT，16点输入/16晶体管输出，外加数字量扩展模块FX2N8EX，8输入	1套	
3	气动上料实训模块	上料实训模块由井式上料机构、顶料气缸、推料气缸等组成，机械结构件主要采用硬铝精加工，表面喷砂处理	1套	
4	传送实训模块（液压马达控制）	传递实训单元采用同步带传动、链条传动等传动机构，由摆线液压马达、辊子链轮、12只滚筒、同步带轮、基座等部件组成。机械结构件采用45号钢精加工而成，表面镀镍处理	1套	
5	轧钢实训模块（双缸同步）	轧钢实训模块由轧钢支架、轧钢辊子、辊子链轮、同步液压缸、直线位移传感器（CWY-DW-150）等组成，机械结构件采用45号钢精加工而成，表面镀镍处理	1套	
6	冲压实训模块	冲压实训模块由冲压缸、上顶缸、定位气缸等组成，机械结构件采用45号钢精加工而成，表面镀镍处理	1套	
7	下料实训模块（气动机械手）	下料实训模块由真空吸盘、无杆气缸、双联气缸、步进电动机等组成，机械结构件采用硬铝精加工，表面喷砂处理	1套	

任务分析

双泵调压：组建液压系统的液压泵站，采用规范的安装及调试工艺，完成泵站的安装及工作压力调试。

任务实施

1. 变量叶片泵的安装及调试

变量叶片泵系统调压回路如图7-4所示。

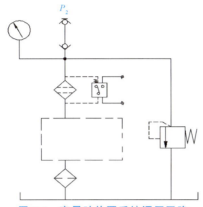

图7-4 变量叶片泵系统调压回路

要求1：按照图7-4要求，完成变量叶片泵的安装及调试，并在虚线框内补画准确的元件符号。

要求2：变量叶片泵的输出压力为 3.5 MPa±0.2 MPa，填入表7-4的数据必须经教师判定。

表7-4 变量叶片泵的输出压力测定

序号	泵的类型	功能描述	P_2/MPa	判定
1	变量叶片泵	系统压力		

2. 定量柱塞泵的安装与调试

定量柱塞泵系统调压回路如图7-5所示。

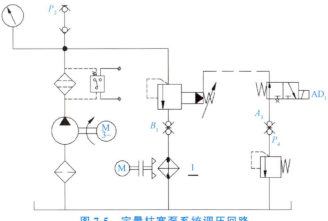

图7-5 定量柱塞泵系统调压回路

要求1：按照图7-5要求，完成定量柱塞泵的安装及调试，写出1号元件的名称（　　）。

要求2：定量柱塞泵的输出一级压力为 5 MPa±0.2 MPa，二级压力为 2 MPa±0.2 MPa，填入表7-5的数据必须经教师判定。

表7-5　定量柱塞泵的输出压力测定

序号	泵的分类	功能	P_2/MPa	判定
1	定量柱塞泵	系统一级压力		
2		系统二级压力		

任务分析

　　液压系统回路搭建与调试：按各液压系统回路的要求，选择适当的液压阀，组建一般回路或叠加回路，完成液压系统安装与调试。在调试中，选择继电器点动分步调试，或在 PLC 下完成最终调试，注意安装及调试工艺必须规范。

任务实施

　　(1) 液压马达物料传输油路系统。选用叶片泵油路系统供油，系统供油压力为 4.2 MPa，液压马达物料传输油路系统按照图7-6连接，在满足如下要求下进行液压系统安装与调试，注意安装及调试工艺必须规范。

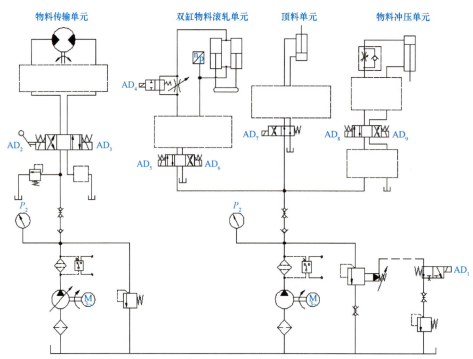

图7-6　全自动轧钢冲压模拟装置液压回路

　　要求1：根据液压回路图，三位四通电磁换向阀处于中位时，液压泵卸荷，液压马达浮动，在图中补画出换向阀的中位机能。

　　要求2：液压马达采用节流调速，在图虚线框内补画缺失的液压元件符号。

　　要求3：选用叠加式液压元件完成液压马达物料传输油路系统安装。

　　要求4：排除液压马达物料传输油路系统中的液压系统故障，将结果填入表7-9，调节相关的液压元件直至物料传输油路系统回油流量为 $30\ \text{mL/s} \pm 2\ \text{mL/s}$，测出流量值并经换算后填入表 7-6，将缺失元件补画在虚线框内。数据与功能结果必须经教师签字确认。

要求 5：根据图 7-6 中叠加阀在液压回路中的位置，在表 7-6 中填写液压马达物料传输油路系统中叠加阀名称、叠加阀型号以及画出叠加阀职能符号。

表 7-6　叠加阀在液压马达物料传输油路系统中的位置

3			
2			
1			
0		叠加阀基板	
叠加阀位置顺序	叠加阀名称	叠加阀型号	叠加阀职能符号

（2）双缸物料滚轧油路系统。选用柱塞泵油路系统供油，系统供油压力 4.5 MPa，双缸物料滚轧油路系统如图 7-6 所示，在满足如下要求时，进行液压系统安装与调试，注意安装及调试工艺必须规范。

要求 1：根据液压回路图，选择合适的三位四通电磁换向阀，换向阀处于中位时，各油口均不通，在图中补画出换向阀中位机能。

要求 2：根据液压回路图，选用现场提供的叠加式液压元件完成双缸物料滚轧油路系统安装与调试。

要求 3：要求液压双缸上行到底，有杆腔压力值为 $3.6\ \text{MPa} \pm 0.2\ \text{MPa}$，在图虚线框内补画出缺失的液压元件符号，并在液压回路图中找出测压点，标注 P_1。压力值填入表 7-9，数据与功能结果确认。

要求 4：液压双缸有快进→工进→位置保持→快退功能。请在表 7-7 中填写双缸物料滚轧油路系统电磁铁得失电表（注：得电为＋，失电为－）。将液压双缸伸缩动作功能结果填入表 7-9，结果必须经教师确认。

要求 5：根据图 7-6 中叠加阀在液压回路中的位置，在表 7-8 中填写双缸物料滚轧油路系统中叠加阀名称、叠加阀型号以及画出叠加阀职能符号。

表 7-7　双缸物料滚轧油路系统电磁铁得失电表

工序	电磁铁		
	AD_4	AD_5	AD_6
快进			
工进			
位置保持			
快退			

表 7-8　叠加阀在双缸物料滚轧油路系统中的位置

3			
2			
1			
0		叠加阀基板	
叠加阀位置顺序	叠加阀名称	叠加阀型号	叠加阀职能符号

（3）顶料油路系统。选用柱塞泵油路系统供油，系统供油压力为 4.5 MPa，顶料油路系统如图 7-6 所示，在满足如下要求时进行液压系统安装与调试，注意安装及调试工艺必须规范。

要求 1：根据图 7-6，选用现场提供的叠加式液压元件完成顶料油路系统安装与调试。

要求 2：顶料单元液压缸上行到底后，叠加式压力继电器动作，动作压力为 4.5 MPa±0.5 MPa，动作指示采用 DW-03 中 KA_1 指示灯表示（线路连接注意电源正负极），压力继电器调试到要求动作值时红灯亮，未调试到要求动作值时红灯不亮（此处叠加式压力继电器采用的是常开触点），在图 7-6 虚线框内补画缺失的液压元件符号，在表 7-9 中记录动作状态，数据与功能结果必须经教师判定。

（4）物料冲压油路系统。选用柱塞泵油路系统供油，系统供油压力为 4.5 MPa，物料冲压油路系统如图 7-6 所示。在满足如下要求时进行液压系统安装与调试，注意安装及调试工艺必须规范。

要求 1：根据图 7-6，选择合适的三位四通电磁换向阀，换向阀处于中位时，液压泵不卸荷，执行机构浮动，在图中补画出换向阀中位机能。

要求 2：用板式液压元件完成物料冲压油路系统安装与调试。

要求 3：选择合适的液压元件完成物料冲压油路系统安装与调试。要求物料冲压油路系统断电时，液压缸能在任意位置快速停止下行，在图 7-6 中虚线框内补画出缺失的液压元件符号。

要求 4：要求冲压缸下行到底，柱塞泵系统输出压力不变，冲压缸无杆腔压力值为 3.6 MPa±0.2 MPa，在图 7-6 虚线框内补画出缺失的液压元件符号，并在图 7-6 中找出测压点，标注 P_2。压力值填入表 7-9，数据与功能结果必须经教师判定。

要求 5：将冲压缸伸缩动作功能结果填入表 7-9，结果必须经教师判定。

要求 6：根据液压回路图，冲压缸下行采用的调速方式为（　　　）。

A. 进油节流　　　　B. 回油节流　　　　C. 旁路节流　　　　D. 容积节流

表 7-9　单步调试参数与功能确认表

任务系统	流量/ (L·min⁻¹)	故障是否排除 （填"是"或"否"）	结果判定
液压马达物料传输油路系统			
任务系统	压力/MPa	缸伸缩状态正常 （填"是"或"否"）	
双缸物料滚轧油路系统			
物料冲压油路系统			
任务系统	压力继电器动作是否正常 （填"是"或"否"）	缸伸缩状态正常 （填"是"或"否"）	
顶料油路系统			

（5）液压系统单步调试记录。

任务 7.2　气动控制回路安装、连接

任务描述

采用规范的安装及调试工艺，结合气动回路系统原理，选用合理的气动阀及器件，完成电气回路系统安装与调试。

微课：气路连接

任务目标

1. 本实训系统的组成、技术参数。

2. 能够在团队合作的过程中正确安装、调试气动控制回路，培养学生的安全意识、规范意识。

任务分析

气动回路安装与调试

采用规范的安装及调试工艺，结合气动回路系统原理（图 7-7），选用合理的气动阀及器件，完成气动回路安装与调试。

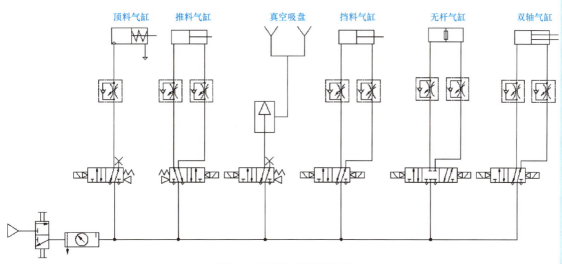

顶料气缸　推料气缸　真空吸盘　挡料气缸　无杆气缸　双轴气缸

图 7-7　气动回路系统原理

任务实施

要求 1：根据执行部件位置，合理剪裁气管，连接气动回路。

要求 2：调整相关阀门，使供气系统压力值为 0.5 MPa。

要求 3：气动回路中有 2 个故障，请排除。

要求 4：气动回路系统安装与调试及故障排除完毕，将调试结果填入表 7-10。

表 7-10　调试结果表

序号	功能	完成情况（填"是"或"否"）	
1	上料气缸		
2	挡料气缸		
3	拔料气缸		
4	平移无杆气缸		
5	落料气缸		
6	故障排除	排除数量：　　　个	

任务分析

电气控制回路连接与排故

采用规范的安装及调试工艺，结合 PHDW01-1 面板主机 I/O 分配表，选取合适的导线和辅件，完成电气控制回路的连接，并完成各执行部件动作功能测试。

任务实施

要求 1：实训导线、通信线的连接、插拔应符合操作规范。

要求 2：挂箱面板同一接线柱最多插两层导线。

要求 3：实训台与挂箱、阀与挂箱之间的连接导线，按不同功能分开进行捆扎，间距为 80～100 mm。

要求 4：根据 I/O 表，使用实验导线将液压电磁阀、气动电磁阀与相应控制单元的 PLC 输出端进行连接。

要求 5：电气控制回路中设置有 2 个故障，请排除故障并将结果填入表 7-11。

表 7-11　电气控制回路连接与排故确认表

序号	项目	完成情况		确认
1	故障排除	排除数量：	个	

PHDW01-1 面板主机 I/O 分配表见表 7-12。

表 7-12　PHDW01-1 面板主机 I/O 分配表

序号	注释	输入地址	序号	注释	输出地址
1	编码器 A 相脉冲	X000	9	升降台左极限检测	X010
2	编码器 B 相脉冲	X001	10	升降台右极限检测	X011
3	上料单元物料检测	X002	11	推料原位	X012
4	轧制单元入料检测	X003	12	推料到位	X013
5	冲压单元入料检测	X004	13	挡料原位	X014
6	冲压单元物料到位检测	X005	14	挡料到位	X015
7	下料单元物料到位检测	X006	15	无杆气缸原位	X016
8	升降台原点检测	X007	16	无杆气缸到位	X017

序号	注释	输入地址	序号	注释	输出地址
17	双轴气缸伸出到位	X020	27	双轴气缸伸出	Y010
18	双轴气缸缩回原位	X021	28	双轴气缸缩回	Y011
19	步进电动机脉冲	Y000	29	真空吸盘	Y012
20	步进电动机方向	Y001	30		
21	顶料气缸	Y002	31		
22	推料气缸	Y003	32		
23	挡料气缸伸出	Y004	33		
24	挡料气缸缩回	Y005	34		
25	无杆气缸左移	Y006	35		
26	无杆气缸右移	Y007	36		

DW-02B 挂箱主机 I/O 分配表见表 7-13。

表 7-13　DW-02B 挂箱主机 I/O 分配表

序号	注释	输入地址	序号	注释	输出地址
1	停止按钮 SB1	X001	18	液压马达正转	Y000
2	启动按钮 SB2	X002	19	液压双缸伸出	Y001
3	复位按钮 SB3	X003	20	液压双缸缩回	Y002
4	单/联动切换开关 SA1	X004	21	双缸滚轧速度控制阀	Y003
5	双缸滚轧单元自检 SB6	X005	22	顶料缸伸出	Y004
6	顶料—冲压单元自检 SB7	X006	23	冲压缸伸出	Y005
7	气动回路自检 SB8	X007	24	冲压缸缩回	Y006
8	液位低限信号	X010	25	泵站控制阀	Y007
9	压差发讯信号 1	X011	26	定量柱塞泵	Y010
10	压差发讯信号 2	X012	27	变量叶片泵	Y011
11	压力继电器	X013	28	冷却风扇	Y012
12	温度传感器	CH1（模拟量输入 1）	29	蜂鸣器	Y013
13	双缸滚轧单元位移传感器	CH2（模拟量输入 2）	30	温度显示地址	D112
14	冲压单元位移传感器	CH3（模拟量输入 3）	31	双缸位移显示地址	D116
15	压力传感器（变送器）	CH4（模拟量输入 4）	32	冲压缸位移显示地址	D120
16			33	压力显示地址	D124
17			34	速度显示地址	D128

PHDW01-2 面板主机 I/O 分配表见表 7-14。

表 7-14　PHDW01-2 面板主机 I/O 分配表

序号	注释	输入地址	序号	注释	输出地址
1	编码器 A 脉冲	I0.0	19	步进电动机脉冲	Q0.0
2	编码器 B 脉冲	I0.1	20	步进电动机方向	Q0.1
3	上料单元物料检测	I0.2	21	顶料气缸	Q0.2
4	轧制单元入料检测	I0.3	22	推料气缸	Q0.3
5	冲压单元入料检测	I0.4	23	挡料气缸伸出	Q0.4
6	冲压单元物料到位检测	I0.5	24	挡料气缸缩回	Q0.5
7	下料单元物料到位检测	I0.6	25	无杆气缸左移	Q0.6
8	升降台原点检测	I0.7	26	无杆气缸右移	Q0.7
9	升降台左极限检测	I1.0	27	双轴气缸伸出	Q1.0
10	升降台右极限检测	I1.1	28	双轴气缸缩回	Q1.1
11	推料原位	I1.2	29	真空吸盘	Q2.0
12	推料到位	I1.3	30		
13	挡料原位	I1.4	31		
14	挡料到位	I1.5	32		
15	无杆气缸原位	I2.0	33		
16	无杆气缸到位	I2.1	34		
17	双轴气缸伸出到位	I2.2	35		
18	双轴气缸缩回原位	I2.3	36		

DW-02A 挂箱主机 I/O 分配表见表 7-15。

表 7-15　DW-02A 挂箱主机 I/O 分配表

序号	注释	输入地址	序号	注释	输出地址
1	停止按钮 SB1	I0.1	18	液压马达正转	Q0.0
2	启动按钮 SB2	I0.2	19	液压双缸伸出	Q0.1
3	复位按钮 SB3	I0.3	20	液压双缸缩回	Q0.2
4	单/联动切换开关 SA1	I0.4	21	双缸滚轧速度控制阀	Q0.3
5	双缸滚轧单元自检 SB6	I0.5	22	顶料缸伸出	Q0.4
6	顶料—冲压单元自检 SB7	I0.6	23	冲压缸伸出	Q0.5
7	气动回路自检 SB8	I0.7	24	冲压缸缩回	Q0.6
8	液位低限信号	I1.0	25	泵站控制阀	Q0.7
9	压差发讯信号 1	I1.1	26	定量柱塞泵	Q1.0
10	压差发讯信号 2	I1.2	27	变量叶片泵	Q1.1
11	压力继电器	I1.3	28	冷却风扇	Q2.0
12	温度传感器	AIW4（模拟量输入 1）	29	蜂鸣器	Q2.1
13	双缸滚轧单元位移传感器	AIW6（模拟量输入 2）	30	温度显示地址	VD200
14	冲压单元位移传感器	AIW8（模拟量输入 3）	31	双缸位移显示地址	VD208
15	压力传感器（变送器）	AIW10（模拟量输入 4）	32	冲压缸位移显示地址	VD216
16			33	压力显示地址	VD224
17			34	速度显示地址	VD50

任务 7.3 控制系统程序设计

根据所提供设备及工业气动元件、液压元件，编写 PLC 控制程序，控制液压泵站、传输单元、滚轧单元、冲压单元、下料堆垛单元。

1. 能够完成 PLC 程序的编写。

2. 能够完成整机调试与运行。

3. 能够在团队合作的过程中完成程序调试与运行，培养学生查阅资料、自主解决问题的能力。

（1）编写程序时，相应的输入、输出点加上中文注释。

（2）控制系统：由控制屏上模拟控制单元 PLC 与挂箱 DW-02A（西门子）或挂箱 DW-02B-2（三菱）模块两台 PLC 组成，两台 PLC 必须通过 PPI 网络通信（西门子）或 $N:N$ 网络通信（三菱）进行数据交换。

（3）模拟量信号采集功能：

1）温度采集功能：实时监测油箱的温度变化，与温度表示数值偏差 ±1 ℃，并以十进制形式在地址 D112（西门子 VD200）中显示当前温度值。

2）液压双缸位移采集功能：通过位移传感器，实时监测液压双缸活塞杆位置变化，并以十进制形式在地址 D116（西门子 VD208）中显示液压双缸活塞杆当前位移值。

3）冲压缸位移采集功能：通过位移传感器，实时监测冲压缸活塞杆位置变化，并以十进制形式在地址 D120（西门子 VD216）中显示冲压缸活塞杆当前位移值。

4）双缸滚轧单元液压缸压力采集功能：实时监测液压双缸有杆腔压力，并以十进制形式在地址 D124（西门子 VD224）中显示实时压力值。与压力表示数值偏差 ±0.2 MPa。

（4）液压马达转速采集功能：实时监测液压马达的转速变化（要求 50 r/min$\pm$5 r/min），并以十进制形式在地址 D128（西门子 VD50）（主站中的地址）中显示当前转速值。

（5）油箱温度控制功能：油温高于 28 ℃，冷却风扇启动（注：冷却器要串联在回油系统中）。

（6）泵站保护功能：油过滤器压差保护、液位低保护。

（7）切换功能：通过切换旋钮开关 SA1 可以选择"单模块调试功能"和"联动调试运行功能"。

（8）单模块调试功能：当选择"单模块调试功能"时，定量柱塞泵启动→延时 3 s→泵站控制阀得电。

1）双缸滚轧单元自检：当按下按钮开关 SB6（自锁）→液压双缸快进下行，当位移传感器检测到位移大于等于 70 mm$\pm$10 mm 时，自动切换到工进下行，下行到底，再按下按钮开关 SB6（复位）时，液压双缸快速上行，液压双缸上行到底，完成双缸滚轧单元自检。

2）顶料—冲压单元自检：当按下按钮开关 SB7（自锁）→顶料缸伸出→顶料缸伸出到位→压力继电器动作→冲压缸伸出→冲压缸伸出到底→按下按钮开关 SB7（复位）→冲压缸及顶料缸缩回→冲压缸缩回到位→完成顶料—冲压单元自检。

3）气动回路自检：当按下按钮开关 SB8（自锁）→顶料缸伸出→延时 2 s→推料缸伸出→推料缸伸出到位，挡料缸伸出→挡料杆伸出到位→双轴气缸伸出→双轴气缸伸出到位→双轴气缸缩回→双轴气缸缩回到位，无杆气缸右移→无杆气缸右移到位→按下按钮开关 SB8（复位）→无杆气缸左移→无杆气缸左移到位，挡料气缸缩回→挡料气缸缩回到位，推料气缸缩回→推料气缸缩回到位，顶料缸缩回→完成气动回路自检。

以上功能自检完成后，泵站控制阀断电→延时 3 s→定量柱塞泵断电。

（9）联动调试运行功能。

1）上料单元缺料报警功能：按下启动按钮 SB2，"上料单元物料检测传感器"在 5 s 内未检测到物料，系统不能启动，此时蜂鸣器以 2 Hz 频率报警，若在 5 s 内添加物料，则停止报警，若 5 s 内仍未检测到物料，则蜂鸣器以 4 Hz 频率报警，直到检测有物料方停止报警。

2）停止功能：物料离开上料单元后，按下停止按钮 SB1，则系统不会立即停止，继续完成当前物料的加工和堆垛后，停止上料，蜂鸣器以 1 Hz 的频率提示（注：泵站与传送系统不停止）。按启动按钮 SB2 后，蜂鸣器停止报警，继续上料运行。

3）复位功能：按下 SB3 按钮，系统进行复位。复位时根据各传感器是否处于初始状态执行相应的复位动作，系统有 15 s 的运行过程。完成后，蜂鸣器以 0.5 Hz 频率提示复位完成，5 s 后停止鸣叫（在 15 s 的复位运行过程中，再按 SB3 将不起作用）。

任务分析

按下 SB2 启动按钮，叶片泵启动→延时 3 s→柱塞泵启动→延时 2 s→泵站控制阀得电→液压马达正转→液压双缸快进至 70 mm±10 mm→液压双缸工进至 120 mm±5 mm（第二块 130 mm±5 mm，第三块 140 mm±5 mm）→顶料气缸伸出→延时 2 s→推料气缸推出物料→轧制单元入料检测传感器检测到物料（推料气缸推料到位后气缸缩回，到位后顶料气缸缩回）→冲压单元入料传感器检测到物料→挡料气缸伸出→冲压单元物料到位传感器检测到物料→液压双缸缩回→液压双缸缩回到位→顶料液压缸顶起物料→压力继电器动作→冲压液压缸伸出→冲压缸冲压两次→冲压液压缸、顶料液压缸缩回，同时延时 2 s→挡料气缸缩回→下料单元物料检测到位→下料单元双轴气缸伸出→双轴气缸伸出到位→气动吸盘吸取物料→2 s 后→双轴气缸缩回，缩回到位→无杆气缸右移，右移到位→步进电机由原点上升至第一块物料堆垛位置→气动吸盘关闭，完成第一块物料的堆垛→步进电机退回，退回到位→无杆气缸左移→左移到位，继续循环顶料、出料、滚轧、冲压及堆垛流程，完成剩余 2 块物料的加工。3 块物料堆垛完成，蜂鸣器以 1 Hz 鸣叫、马达停止运转、叶片泵停止→延时 2 s→泵站控制阀失电→延时 3 s→柱塞泵停止→延时 3 s，蜂鸣器停止鸣叫。

任务实施

PLC 程序设计完成并下载调试完成后，在表 7-16 中记录各功能执行情况。

表 7-16　PLC 程序功能确认表

序号	单元名称	运行功能是否正常（填"是"或"否"）
1	程序标注	
2	温度采集功能	
3	液压双缸位移采集功能	
4	冲压缸位移采集功能	

序号	单元名称	运行功能是否正常（填"是"或"否"）
5	压力采集功能	
6	液压马达速度采集功能	
7	油箱温度控制功能	
8	泵站保护功能	
9	双缸滚轧单元自检功能	
10	顶料—冲压单元自检功能	
11	气动单元自检功能	
12	上料单元缺料报警功能	
13	停止功能	
14	复位功能	
15	系统工作流程	

整机调试与运行任务要求：

（1）叶片泵、柱塞泵依次能正常启动，泵站控制阀得电。

（2）上料单元顶料缸、推料缸能依次正常动作。

（3）双缸滚轧单元有快进、工进及位置保持功能。

（4）顶料缸上行到底，压力继电器动作，冲压缸伸出，冲压缸冲压两次。

（5）下料单元具有物料搬运、堆垛功能，要求堆垛物料时，物料的下表面与接料台上表面间隙不得超过 1 cm，需完成 3 块物料堆垛。

（6）堆垛完成后，蜂鸣器以 1 Hz 频率鸣叫，泵站停止后延时 3 s，蜂鸣器停止鸣叫。

（7）整套系统每个单元工作衔接流畅，不出现任何故障现象。整机调试完成后，在表 7-17 中记录各单元运行功能。

表 7-17　整机运行与调试确认表

序号	任务要求描述	完成情况（填"是"或"否"）
1	泵站顺序启动功能	
2	上料单元送料功能	
3	双缸滚轧功能	
4	顶料—冲压功能	
5	搬运及堆垛功能	
6	堆垛完成提醒功能	
7	系统工作流畅	

　拓展知识

传感器的分类

本系统中用到很多传感器。传感器的分类如下：

学习笔记

（1）按传感器的物理量分类，可分为位移、力、速度、温度、流量、气体成分等传感器；

（2）按传感器工作原理分类，可分为电阻、电容、电感、电压、霍尔、光电、光栅、热电偶等传感器（图7-8）；

（3）按传感器输出信号的性质分类，可分为输出为开关量（"1"和"0"或"开"和"关"）的开关型传感器；输出为模拟量的模拟型传感器；输出为脉冲或代码的数字型传感器。

(a)　　　　　　　　　　　(b)　　　　　　　　　　　(c)

图7-8　传感器
(a) 光电传感器；(b) 电感传感器；(c) 磁性开关

磁力式接近开关（简称磁性开关）是一种非接触式位置检测开关，这种非接触式位置检测不会磨损和损伤检测对象物，响应速度高。生产线上常用的接近开关还有感应型、静电容量型、光电型等，感应型接近开关用于检测金属物体的存在，静电容量型接近开关用于检测金属及非金属物体的存在，磁性开关用于检测磁石的存在。安装方式上有导线引出型、接插件式、接插件中继型；根据安装场所环境的要求接近开关可选择屏蔽式和非屏蔽式。

光电开关通常在环境条件比较好、无粉尘污染的场合下使用。光电开关工作时对被测对象无任何影响。因此，在生产线上广泛地使用细小光束、放大器内置型漫射式光电开关。漫射式光电开关是利用光照射到被测工件上后反射回来的光线而工作的，由于工件反射的光线为漫反射光，故称为漫射式光电开关。它由光源（发射光）和光敏元件（接收光）两部分构成，光发射器与光接收器同处于一侧。工作时，光发射器始终发射检测光，若接近开关前方一定距离内没有出现物体，则没有光被反射到接收器，光电开关处于常态而不动作；反之，若接近开关的前方一定距离内出现物体，只要反射回来的光强度足够，则接收器接收到足够的漫射光就会使接近开关动作而改变输出的状态。

电涡流式接近开关属于电感传感器的一种，是利用电涡流效应制成的有开关量输出的位置传感器，它由LC高频振荡器和放大处理电路组成，利用金属物体在接近这个能产生电磁场的振荡感应头时，使物体内部产生电涡流。这个电涡流反作用于接近开关，使接近开关振荡能力衰减，内部电路的参数发生变化，由此识别出有无金属物体接近，进而控制开关的通或断。这种接近开关所能检测的物体必须是金属物体。无论是哪一种接近传感器，在使用时都必须注意被测物的材料、形状、尺寸、运动速度等因素。

项目小结 NEWST

本项目主要介绍了液压与气动综合实训平台工作过程及气液电综合系统、PLC控制的相关知识。通过本项目的学习，学生掌握双泵调压、液压气动综合系统的安装与调试、电气控制的布线调试、PLC对液压和气动系统的控制等工作过程，提升自身综合实践能力和系统安装调试维护能力。

任务检查与考核

1. 本项目由哪些系统结构组成？各部分具有什么功能？

2. 本项目中用到了哪些液压元件？主要功能是什么？

3. 描述本项目整个物料传输过程中用到哪些执行元件？各执行元件的功能是什么？

相关专业英语词汇

（1）叠加阀——stacking valve

（2）物料传输——material transfer

（3）继电器——relay

（4）真空吸盘——vacuum sucker

（5）蜂鸣器——buzzer

（6）压力传感器——pressure sensor

附 录 液压传动与气动技术常用图形符号
（摘自 GB/T 786.1—2021）

附表 1 图形符号的基本要素、连接和管接头、流动通道和方向的指示、机械基本要素

图形	描述	图形	描述
	供油/气管路、回油/气管路、元件框线、符号框线（见 ISO 128）		带控制管路或泄油管路的端口
	内部和外部先导（控制）管路、泄油管路、冲洗管路、排气管路（见 ISO 128）		位于溢流阀内的控制管路
	组合元件框线（见 ISO 128）		位于减压阀内的控制管路
	两个流体管路的连接		位于三通减压阀内的控制管路
	两个流体管路的连接（在一个元件符号内表示）		软管、蓄能器囊

图形	描述	图形	描述
	端口 （油/气）口		封闭管路或封闭端口
	流体流过阀的通道和方向		单向阀的运动部分，大规格
	阀内部的流动通道		测量仪表、控制元件、步进电机的框线
	流体的流动方向		锁定元件（锁）
	液压力的作用方向		机械连接

附表2　控制机构和控制方法

图形	描述	图形	描述
	带有可调行程限位的推杆		外部供油的电液先导控制机构

图形	描述	图形	描述
	带有定位的推/拉控制机构		机械反馈
	带有手动越权锁定的控制机构		外部供油的带有两个线圈的电液两级先导控制机构（双向工作，连续控制）
	带有 5 个锁定位置的旋转控制机构		带有两个线圈的电气控制装置（一个动作指向阀芯，另一个动作背离阀芯）
	用于单向行程控制的滚轮杠杆		带有一个线圈的电磁铁（动作指向阀芯，连续控制）
	使用步进电机的控制机构		外部供油的带有两个线圈的电液两级先导控制机构（双向工作，连续控制）

附表 3　泵、马达和缸

图形	描述	图形	描述
	变量泵（顺时针单向旋转）		单作用单杆缸（靠弹簧力回程，弹簧腔带连接油口）
	变量泵（双向流动，带有外泄油路，顺时针单向旋转）		双作用单杆缸

图形	描述	图形	描述
	变量泵/马达（双向流动，带有外泄油路，双向旋转）		双作用双杆缸（活塞杆直径不同，双侧缓冲，右侧缓冲带调节）
	定量泵/马达（顺时针单向旋转）		双作用膜片缸（带有预定行程限位器）
	手动泵（限制旋转角度，手柄控制）		单作用膜片缸（活塞杆终端带有缓冲，带排气口）
	摆动执行器/旋转驱动装置（带有限制旋转角度功能，双作用）		单作用柱塞缸
	摆动执行器/旋转驱动装置（单作用）		单作用多级缸
	变量泵（先导控制，带有压力补偿功能，外泄油路，顺时针单向旋转）		双作用多级缸
	变量泵（带有复合压力/流量控制，负载敏感型，外泄油路，顺时针单向驱动）		双作用带式无杆缸（活塞两端带有位置缓冲）

附表 4　控制元件

图形	描述	图形	描述
	二位二通方向控制阀（推压控制，弹簧复位，常闭）		气动软启动阀（电磁铁控制内部先导控制）
	二位二通方向控制阀（电磁铁控制，弹簧复位，常开）		延时控制气动阀（其入口接入一个系统，使得气体低速流入直至达到预设压力才使阀口全开）
	二位四通方向控制阀（电磁铁控制，弹簧复位）		二位三通锁定阀（带有挂锁）
	二位三通方向控制阀（滚轮杠杆控制，弹簧复位）		脉冲计数器（带有气动输出信号）
	二位三通方向控制阀（单电磁铁控制，弹簧复位，常闭）		二位三通方向控制阀（差动先导控制）
	二位三通方向控制阀（单电磁铁控制，弹簧复位，手动锁定）		二位四通方向控制阀（单电磁铁控制，弹簧复位，手动锁定）
	二位四通方向控制阀（双电磁铁控制，手动锁定，也称脉冲阀）		二位五通方向控制阀（踏板控制）
	二位三通方向控制阀（气动先导和扭力杆控制，弹簧复位）		二位五通气动方向控制阀（先导式压电控制，气压复位）

图形	描述	图形	描述
	三位四通方向控制阀（弹簧对中，双电磁铁控制）		三位五通方向控制阀（手柄控制，带有定位机构）
	二位五通方向控制阀（单电磁铁控制，外部先导供气，手动辅助控制，弹簧复位）		三位五通气动方向控制阀（中位断开，两侧电磁铁与内部气动先导和手动辅助控制，弹簧复位至中位）
	二位五通气动方向控制阀（电磁铁气动先导控制，外部先导供气，气压复位，手动辅助控制）气压复位供压具有如下可能：（1）从阀进气口提供内部压力（X10440）；（2）从先导口提供内部压力（X10441）；（3）外部压力源（X10442）		二位五通直动式气动方向控制阀（机械弹簧与气压复位）
			三位五通直动式气动方向控制阀（弹簧对中，中位时两出口都排气）
	溢流阀（直动式，开启压力由弹簧调节）		节流阀
	顺序阀（外部控制）		单向节流阀
	减压阀（内部流向可逆）		流量控制阀（带有滚轮连杆控制，弹簧复位）

图形	描述	图形	描述
	减压阀（远程先导可调，只能向前流动）		单向阀（只能在一个方向自由流动）
	双压阀（逻辑为"与"，两进气口同时有压力时，低压力输出）		单向阀（带有弹簧，只能在一个方向自由流动，常闭）
	比例方向控制阀（直动式）		先导式单向阀（带有弹簧，先导压力控制，双向流动）
	直动式比例溢流阀（通过电磁铁控制弹簧来控制）		气压锁（双气控单向阀组）
	直动式比例溢流阀（电磁铁直接控制，带有集成电子器件）		梭阀（逻辑为"或"，压力高的入口自动与出口接通）
	直动式比例溢流阀（带电磁铁位置闭环控制，集成电子器件）		快速排气阀（带消声器）
	比例流量控制阀（直动式）		比例流量控制阀（直动式，带有电磁铁位置闭环控制，集成电子器件）

图形	描述	图形	描述
	软管总成		三通旋转接头
	可调节的机械电子压力继电器		模拟信号输出压力传感器
	液位指示器（液位计）		流量指示器（流量计）
	压力测量单元（压力表）		温度计
	过滤器		带旁路节流的过滤器
	液体冷却的冷却器		不带冷却液流道指示的冷却器
	温度调节器		加热器
	活塞式蓄能器		隔膜式蓄能器

图形	描述	图形	描述
	摆动执行器/旋转驱动装置（带有限制旋转角度功能，双作用）		空气压缩机
	摆动执行器/旋转驱动装置（单作用）		气马达（双向流通，固定排量，双向旋转）
	气马达		连续气液增压器（将气体压力 p_1 转换为较高的液体压力 p_2）
	单作用膜片缸（活塞杆终端带缓冲，带排气口）		单作用单杆缸（弹簧复位，弹簧腔带连接气口）
	双作用带式无杆缸（活塞两端带有位置缓冲）		双作用单杆缸
	双作用缆索式无杆缸（活塞两端带有可调节位置缓冲）		双作用双杆缸（活塞杆直径不同，双侧缓冲，右侧缓冲带调节）
	双作用磁性无杆缸（仅右边终端带有位置开关）		双作用膜片缸（带有预定行程限位器）

学习笔记

图形	描述	图形	描述
	永磁活塞双作用夹具	$p1$ $p2$	单作用增压器（将气体压力 p_1 转换为更高的液体压力 p_2）
	永磁活塞单作用夹具		波纹管缸
	永磁活塞单作用夹具		软管缸
	双作用气缸（带有可在任意位置加压解锁活塞杆的锁定机构）		半回转线性驱动（永磁活塞双作用缸）
	压力开关（机械电子控制）		永磁活塞双作用夹具
	压力传感器（输出模拟信号）		电调节压力开关（输出开关信号）
	光学指示器		快换接头（不带有单向阀，断开状态）

图形	描述	图形	描述
	数字式显示器		快换接头（带有一个单向阀，断开状态）
	声音指示器		快换接头（带有两个单向阀，断开状态）
			快换接头（不带有单向阀，连接状态）

参 考 文 献

[1] 张忠远，韩玉勇．液压传动与气动技术［M］．天津：南开大学出版社，2010.

[2] 徐建国，包君．液压传动与气动技术［M］．北京：国防工业出版社，2013.

[3] 陈桂芳．液压与气动技术［M］.3 版．北京：北京理工大学出版社，2012.

[4] 路甬祥．液压气动技术手册［M］．北京：机械工业出版社，2003.

[5] 杨健．液压与气动技术［M］．北京：北京邮电大学出版社，2014.

[6] 张春东．液压与气压传动［M］．长春：吉林大学出版社，2016.

[7] 李芝．液压传动［M］．北京：机械工业出版社，2005.

[8] 潘玉山．液压与气动技术［M］.2 版．北京：机械工业出版社，2015.

[9] 金英姬，冯海明．液压与气动技术［M］．北京：高等教育出版社，2013.

[10] 王秋敏，赵秀华．液压与气动系统安装与调试［M］．天津：天津大学出版社，2013.

[11] 林文坡．气动传动及控制［M］．西安：西安交通大学出版社，1992.

[12] 陈书杰．气压传动及控制［M］．北京：冶金工业出版社，1991.

[13] 许福玲，陈尧明．液压与气压传动［M］.3 版．北京：机械工业出版社，2010.

[14] 李壮云．液压元件与系统［M］.3 版．北京：机械工业出版社，2011.

[15] 蒋翰成．液压与气动［M］．北京：机械工业出版社，2014.

[16] 徐永生．气压传动［M］．北京：机械工业出版社，1990.

[17] 机械电子工业部广州机床研究所．机床液压系统设计指导手册［M］．广州：广东高等
　　 教育出版社，1993.

[18] 上海工业大学流控研究室．气动技术基础［M］．北京：机械工业出版社，1982.

[19] 毛好喜．液压与气动技术［M］.4 版．北京：人民邮电出版社，2021.

[20] 周小鹏，丁又青．液压传动与控制［M］.2 版．重庆：重庆大学出版社，2020.